村庄规划工作实务

曲占波　王印传　崔建甫　王殿武　编著

中国农业出版社
北　京

图书在版编目（CIP）数据

村庄规划工作实务 / 曲占波等编著．—北京：中国农业出版社，2020.5（2020.11 重印）
（农家书屋助乡村振兴丛书）
ISBN 978-7-109-26408-3

Ⅰ．①村… Ⅱ．①曲… Ⅲ．①乡村规划－中国 Ⅳ．①TU982.29

中国版本图书馆 CIP 数据核字（2019）第 279138 号

中国农业出版社出版
地址：北京市朝阳区麦子店街 18 号楼
邮编：100125
责任编辑：赵 刚
版式设计：王 晨　　责任校对：刘飏雨
印刷：中农印务有限公司
版次：2020 年 5 月第 1 版
印次：2020 年 11 月北京第 2 次印刷
发行：新华书店北京发行所
开本：880mm×1230mm 1/32
印张：5.75　　插页：16
字数：197 千字
定价：25.00 元

前言

顺应世界多极化、经济全球化、文化多样化、社会信息化的潮流，中国村庄发展进入了一个新的历史阶段。民政部的统计数据显示：2002—2012 年，中国自然村由 360 万个锐减至 270 万个，10 年间减少了 90 万个。这给中国的未来发展带来难以预料的历史性影响，如何保护村庄与建设村庄，如何把握村庄的发展方向，是迫切需要整个社会全方位予以应对的时代课题。

传统村庄是在漫长的历史时期中自然发展和演化而来的，在自然演化过程中形成了一系列纯自然的特色。但是随着社会经济的迅猛发展，人们的经济活动、社会活动等节奏加快，现代人类活动已不容许村庄这种自然发展和演化，所以产生了村庄规划。

第十届全国人民代表大会常务委员会第三十次会通过《中华人民共和国城乡规划法》，2019 年 4 月第十三届全国人民代表大会常务委员会第十次会议通过了修改。该法律的出台从法律层面确立了村庄规划的法律地位，为村庄能够顺应时代的发展奠定了基础。2019 年 5 月自然资源部发布了《关于加强村庄规划促进乡村振兴的通知》，《通知》指出：村庄规划是法定规划，是国土空间规划体系中乡村地区的详细规划，是开展国土空间开发保护活动、实施国土空间用途管制、核发乡村建设项目规划许可、进行各项建设的法定依据。要整合村土地利用规划、村庄建设规划等乡村规划，实现土地利用规划、城乡规划等有机融合，编制“多规合一”的实用性村庄规划。可见，在新形势下，加强村庄规划工作已迫在眉睫，要求也越来越高，亟须加强对村庄规划工作的实践指导。

村庄规划是立体规划，现在很多村庄规划已经落后于时代的要求，只有经济发展规划、建筑发展规划，而没有生态发展规划、环境系统设计规划，严重制约了村庄的永续发展。很多人向往乡村的自然环境，却不愿意去乡村居住，其原因为村庄的交通、教育、医疗卫生、文化娱乐等公共设施落后，网络信息化服务、现代物流等现代服务业滞后。

村庄规划要准确把握其功能定位，明确村庄的发展途径。中国是一个具有几千年文明史的国家，农业发展历史悠久，人多地少，形成了一种非常独特的社会现象：集村庄而群居，一个村庄几十户、几百户农民在一起，相互守望，相互帮助，以村庄的方式进行农业生产。因此，中国村庄的功能远不止限于经济方面，还具有社会、政治、文化、生态等多重功能。村庄的空间布局要以人为本，以生态为核心，着眼于人与自然的和谐，体现四季的变化和乡村自身的文化特色。每个村庄都有自己的不同历史，每个村庄的四季变化也绝不相同。因此，村庄规划不仅是空间上的规划，还应从多层面进行设计，山、水、人及人与自然的关系，考虑村庄独特的历史与文化因素，在从过去到现在的发展脉络中，把握村庄未来的发展趋势。规划的关键是可行，规划应以村庄的永续发展为目标。

村庄的个性特征与生俱来，是独具特色的禀赋与优势，也是村庄规划立足点和发展定位。从形态规划与形象设计上来看，村庄普遍特点是蓝天碧水，青山绿地，主色调是绿色，主旋律是生态。不过，每个村庄有不同的颜色，有四季变化的不同景致。村庄之间的差异不仅体现在自然环境方面，更体现在文化方面。在农村人们习惯以宗族血缘关系为纽带聚族而居，村庄里的族谱、祠堂、牌坊、民居、祖坟等与风俗、土地、村民成为村庄历史和生命的重要载体，建立在家园、家庭、家人基础上的乡土情结成为村庄的共同文化纽带。因此，村庄是有灵魂的，每个村庄都有自己独特的文化，每个村庄的过去、现在以及未来是不同的。族谱、祠堂、祖坟、古树、牌坊、石碑、石桥、村道等元素形成了村庄独有的历史记忆，承载着一代又一代留下的文化遗产，它们一旦被毁掉，就无法逆转，村庄就成了没有记忆和没有灵魂的村庄。因此，村庄的文化特色与自然环境优势一样，是稀缺资源，哪些应该加以发展，哪些应该得到保护，在规划中必须处理好保护与发展的关系。

科技落后、资金短缺等因素制约了村庄的发展，但也有很多资源要素例如土地资源、生态资源、特色文化资源等未能发挥作用而处于闲置状态，同样制约了村庄的发展，在规划中把村庄无效或低效利用的资源变为高效利用，同时搭建村庄与城镇之间的桥梁，进行城乡一体化建设。城市的技术、资本等资源要素，急需与村庄处于闲置状态的稀缺资源进行组合。因此，要优化村庄的资源配置，就需推进城乡一体化发展，加快城乡资源要素流动，关键是要破除城乡二元体制障碍，通过村庄规划摆脱城乡二元体制的资源配置模式，以土地资源、生态资源、特色文化资源为基础，以城市稀缺资源为杠杆，推动村庄内的资源要素与外部资源要素进行重组，促进人才、资本、技术、信息等现代要素与村庄传统要素的优化配置。

本书主要介绍村庄规划的基本知识和规划工作实务，包括：村庄规划前期研究、产业发展规划、三生空间与布局、乡土特色保护与传承、土地整治、村庄内部道路规划设计、绿化建设、坑塘河道改造、给排水设施与污水处理、厕所改造以及村庄规划案例等，本书对于做好村庄规划工作，推进实施乡村振兴战略具有积极的指导意义。

本书由曲占波（河北省城乡规划设计研究院）、王印传（河北农业大学）、崔建甫（河北省城乡规划设计研究院）、王殿武（河北农业大学）编著完成。由于受作者水平所限，书中难免存在疏漏之处，请读者批评指正。

第一章　村庄与村庄规划概述

第一节　村庄内涵与分类

一、村庄的内涵

村庄，是乡村聚落的简称，指农村村民居住和从事各种生产活动的聚居点。一般意义来说，村庄、乡村和农村意义相同，村庄是以一定数量的人口为特征，以农户为基本组成单位，以土地为基本的经营对象，以村庄中相应的动物和植物为主要价值资源的人类聚居空间单元，以人群、土地、院落为特征的居住形态。

不同的研究团体和组织对村庄有不同的定义，如果把村庄的涵义向外扩展，村庄的概念又涉及自然村、行政村、基层村、中心村等。相对于城镇来说，村庄人口规模一般较小，一个村庄的人口有几百人、甚至几十个人，主要因为是大多数村庄产业以农业为主，使得村庄的人口、用地规模受耕地面积、土壤、气候等自然因素影响，以及生产技术水平的限制，往往难以发展壮大，所以不可能像城镇那样聚集较多的人口，因此也就决定了村庄的各类设施水平以及组织职能相对简单。

（一）中心村与基层村

中心村是指具有一定的人口规模和较为齐全的公共设施，除农业以外，家庭副业及工业活动已经有所发展，可以代替城镇的部分功能而服务周围农村聚居点。基层村是指一般农村居民点，是乡村中自然形成的农民聚集地，从事农业生产的最基本的居民点。

（二）行政村与自然村

行政村指的是行政建制意义上的村庄，有行政界线划分的村庄，它由若干村民小组组成；自然村指的是在一定空间内聚集而成的自然村落。一个行政村包含的村落可以是自然村，也可以是非自然村（如许多集中新建的村庄），一个村民小组可以由几个自然村组成，而一个自然村中也可能包含几个村民小组。行政村侧重于行政管辖范围，是一个区域；而自然村则侧重于空间上的自然聚集，是一个地块。

二、村庄的分类

（一）按城乡区位关系分类

如果按照村庄受城镇辐射的影响类型和程度，可以将村庄划分为乡村型村庄、城镇型村庄和城郊型村庄。

1. 乡村型村庄

乡村型村庄是我国最常见又最基本的村庄类型，村庄一般距离城镇较远，而且受城镇辐射影响较小，以农业为主导产业，保留传统农耕生产方式和生活方式，长期保持传统村庄形态。虽然这类村庄空间表现形式差别较大，但仍具有显著共性特征：这类村庄经济社会发展速度相对较慢，在未来相当长的时期内，不会转变为城市地区；按照产业结构调整趋势来看，在未来相当长的时期内，将继续保持种植业、畜牧业或林果产业的主体地位。

2. 城镇型村庄

城镇型村庄一般地理、交通等区位条件较好，位于城市、镇区、工业园区规划建设用地范围内，受到城镇经济、产业、文化等各方面的辐射影响较大，村民生产生活方式已发生明显变化，但在行政管理体制、户籍、土地权属上仍保留农村模式，多数该类村庄各类用地交织、功能混乱，人居环境较差。城镇型村庄未来必将成为城镇有机组成部分。

3. 城郊型村庄

位于城镇规划建设用地外围近郊区的村庄称为城郊型村庄。该类村庄主要特点是仍保留着一定的传统耕作习惯，而真正从事农业生产的人口比例并不像乡村型村庄那么高，许多村民的经济收入来自第二、三产业。城郊型村庄已经具有了向城镇化迈进的条件和基础，一旦条件成熟，这些村庄可转变为城镇的一部分。这些村庄中有相当一部分村庄处于城乡结合部位置，但是村庄公共配套设施如排水等方面与城镇相比仍存在一定差距，村庄空间形态介于城镇和乡村之间。

与乡村型、城镇型村庄不同，城郊型村庄在未来职能定位与产业发展上，仍存在一定的不确定性。对这类村庄的规划建设，必须考虑当地城镇化、工业化、农业产业化发展趋势，以及城市基础设施有效辐射，进行深入研究，尤其要立足于近郊村庄与城市在产业发展方面的互补性及其对农民生产生活方式的深层次影响，加大产业结构调整和土地制度创新力度，使它们与城市在功能和特色空间上有效互补。

总之，科学把握村庄所处城乡区位，是进行村庄规划研究的基础，只有明确了村庄在城镇化进程中所处的地位和作用，才能对所要规划的村庄职能和性质进行准确把握。

（二）按生产活动特点分类

1. 种植业型

种植业型村庄的内涵十分丰富，在我国普遍存在，分布极广，由此形成的村庄的规模、形式与内部结构各不相同，其共同特点是这些村庄的居民主要从事种植业。

2. 水产业型

水产业型的村庄主要指从事水产养殖为主的农村。水产业型村庄既有处于沿海地区的村庄，也有处于江河湖泊地区的村庄。沿海地区是以捕鱼、水产养殖为主的渔业村庄，它们的作业区域是广阔的海洋和其他水体，这些村庄在优良的避风港、水网发达地区可以形成很大的规模。例如在珠江三角洲、长江中下游平原等地都有很多这种淡水养殖为主的水产业型村庄。这类村庄空间的主要特点是生产、生活与水密切相关。

3. 畜牧业型

指从事畜牧业为主的草原地区的农村。由于畜牧业生产的特点，单位面积土地上获得的经济收入一般不如种植业多，草原的载畜量也有一定限制，因此这种村庄一般都较小而分散，并常常以流动的或半固定的居民点形式存在，特别是近年来我国提出保护草原生态的政策后，这类村庄生存空间受到一定的影响。

4. 林草花木业型

这类村庄以经营林果及花木业为主。例如我国有很多经营竹、木等用材林和桑、茶、果、油桐、油茶等经济林的村落。这类村庄一般来说规模和居住密度都不大。在很多情况下，农户与生产区域的空间关系非常紧密，许多农户的家前屋后成为主要的生产空间，以便于随时照料和看护经营对象。此外，这类村庄较多形成了以其种植品种为加工对象的加工业。

5. 旅游业型

指旅游业为主或占相当比重的村庄。在全球范围内，随着旅游业的兴盛，出现了大量以旅游为主要经济来源的村落，尤其是位于距离大城市、大工业区周边的风景优美、特色鲜明或具有一定历史文化遗存的村庄。近年来，我国的乡村旅游取得了长足的发展，兴起了一大批旅游村。此外，还有相当多有一定区位优势、乡村风情浓郁或有丰厚历史文化遗存的特色村庄，这些村庄都具备一定的发展乡村旅游业的潜力。

此外，除了上述常见的几种村庄分类方式外，还可根据村庄发展趋势将村庄分为特色保留型、改造提升型、控制发展型、缩减归并型等；按照地形地貌可以分为平原地区村庄、水网地区村庄、丘陵区村庄、高原区村庄等；按村庄功能可分为单一功能型和综合功能型村庄；按村庄体系层次可分为集镇、中心村、基层村；按村庄生产经营模式可分为个体经营型、集体经营型、企业加农户经营型、公司、公司加农户、联产经营型等；按村庄的分布形式可分为集中型、组团分散型、集中和分散结合型等；按村庄几何形状可分为点式、矩形、正方形、圆形、扇面形、线状形、不规则形村庄等。

第二节　村庄规划的作用

村庄规划是指为实现一定时期内村庄经济、社会和环境等发展目标，合理确定村庄人口、经济社会、产业发展等，统筹安排村庄空间布局、土地资源、各项设施建设等。

村庄规划最主要的作用是对村庄建设的引导和控制。具体来讲，村庄规划主要有以下三个方面的作用：

1. 引导和调控村庄经济社会发展

通过村庄规划能够清晰认识区域发展环境，全面掌握村庄资源禀赋、经济发展实际状况，提出发展思路，确定未来一定时期内村庄经济社会发展目标，合理安排生态、生产、生活用地，使村庄经济社会发展始终保持积极健康的态势。

2. 指导村庄空间演变

通过村庄规划科学指导村庄空间变化，合理分析城镇化在空间上对乡村人口、经济活动的影响。面对人口不断流出，村庄规划面对的是“萎缩”引发的一系列问题，譬如空心化、老龄化趋势加重等问题，均需要重点进行研究。为此，要科学把握村庄空间演变规律，维系特色分明的城乡空间格局，促进城乡协调发展。

3. 规范村庄建设活动

通过村庄规划科学引导村庄历史文化传承，保护及整治土地资源和生态环境，对村庄道路规划、村庄绿化建设、坑塘改造、给排水等公共设施和基础设施布局方面做出综合部署和具体安排，使村庄的建设健康有序发展。

第三节　“多规合一”的发展历程与内涵

一、“多规合一”的发展历程

1986 年，随着经济建设的蓬勃发展，城市发展外延式扩张，大量耕地被占用，《土地管理法》随之颁布和实施，要求编制土地利用总体规划，明确规定城市规划和土地利用规划应当协调。2004年，国家发改委选择江苏苏州、福建安溪、广西钦州、四川宜宾，浙江宁波和辽宁庄河六个市县，启动“三规合一”（即城市总体规划、土地利用规划以及国民经济和社会发展规划相衔接）试点。2008年上海市合并城市规划管理局和土地管理局成立规划和国土资源管理局，负责土地利用规划和城市规划的编制，实现“两规合一”。“规土整合”为形成合理的用地规划布局提供了交流协作的平台。2014年是“多规合一”发展加速期，国家多部委联合颁布《关于开展市县“多规合一”试点工作的通知》，提出在全国28个市县开展“多规合一”试点，完善市县空间规划体系，建立各类规划协调机制。

地方实践层面，2014年厦门市以“美丽共同缔造”战略规划为城市发展定位，开展“一张图”建立信息管理协同平台，保证各个规划之间不打架，创新了“多规合一”的模式，提高了规划的科学性和可行性。四川省自启动“多规合一”试点以来，已完成14个县市“多规合一”规划编制工作，即将进入搭建“多规合一”信息联动平台阶段。2015年，海南成为全国第一个开展省域“多规合一”改革试点省份，试点阶段成效显著，在总体规划一张蓝图上，梳理了72.1万块（1 578平方千米）的重叠图斑，消除了各类规划“打架”的矛盾。在推动试点的过程中，已初步建成统一标准的省域规划基础数据库，并探索建立和健全规划技术标准体系、法律政策体系和决策机制，以保障多规合一的顺利推进，统筹各类空间开发布局。

2016年，国家“十三五”规划也要求在主体功能区划的基础上，统筹各类空间规划，推进“多规合一”。2017年福建省开展城市开发边界划定工作，加快城市内涵式发展，积极推动13个“多规合一”试点城市。2018年3月，国务院出台的《深化党和国家机构改革方案》提出组建自然资源部，整合多部委规划职能，统一行使所有国土空间用途管制和生态保护修复职责，并建立空间规划体系，此次改革极大地推动了“多规合一”发展进程。至此，“多规合一”进入全面实践阶段。

二、“多规合一”内涵

“多规合一”的概念首次明确地被国家提出是在2014年3月16日公布的《国家新型城镇化规划（2014—2020年）》中，但是其实自2000年起，国家与地方就一直在探索“多规合一”，尝试规划改革。“多规合一”的发展历经了理论研究期、地方政府主导的自发实践期和国家政策推动期三个阶段。“多规”是指以经济与社会发展规划（以下简称“经规”）、城乡规划（以下简称“城规”）、土地利用规划（以下简称“土规”）、生态环境保护规划（以下简称“环规”）为主，再综合考虑其他专项规划，如交通规划、旅游规划等一系列规划的综合规划体系。其中多规的主体是经规、城规、土规和环规这四大规划，“多规合一”主要就是实现经规、城规、土规和环规的合一。

经济与社会发展规划是一种综合发展规划，主要确定城市经济和社会发展的总体目标以及各行各业发展的分类目标，具有很强的目标性。它是具有战略意义的指导性文件，是经济、社会发展的总体纲要，用于统筹安排和指导社会、经济、文化建设工作，也是其他规划制定的基础。城乡规划是一种综合发展导向型空间规划，着重体现了空间的合理安排与部署。土地利用规划是在一定区域内，对土地开发、利用、治理、保护在空间上、时间上所作的总体的战略性布局和统筹安排，它以规划区域内全部土地为规划对象，合理调整土地利用结构和布局。生态环境保护规划是环境决策在时间、空间上的具体安排，是一种带有指令性的环境保护方案，也是其他规划合理性和实施效果的检验。

通过前文对于四规的综述，可以看到四规之间的关系如图1-1所示。同时四规之间也存在着编制主体、期限、目标、空间分区等差异，尤其是在数据来源方面，存在着较大的冲突。经规、城规、土规、环规四规差异比较如表1-1所示。

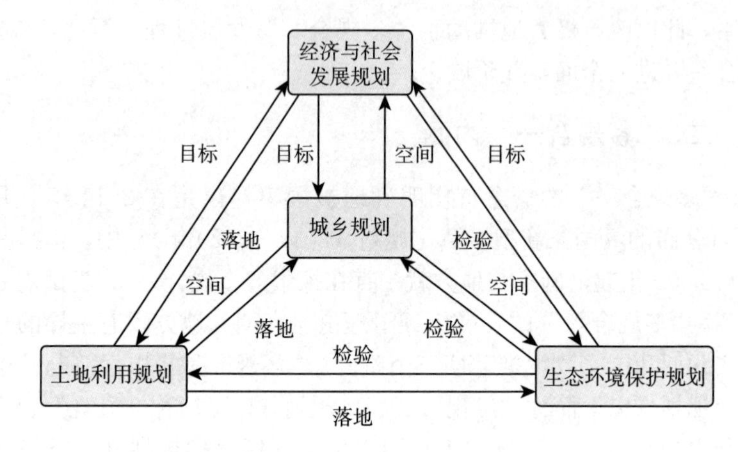

图 1-1　四规之间的关系

资料来源：潘润秋，施炳晨，李禾．多规合一的内涵与数据融合的实现［J］. 国土与自然资源研究，2019（2）：35-38.

表 1-1　发展规划、城规、土规、环规四规差异比较

规划名称	经济与社会发展规划	城乡规划	土地利用规划	生态环境保护规划
编制主体	发展与改革部门	城乡规划部门	国土资源部门	环境保护部门
规划期限	5 年	20 年	10～15 年	10～15 年
规划目标	关注社会发展目标与策略，注重宏观安排，空间属性、发展属性较弱	关注的是城市规划区内土地的用途、开发强度，重视城市的发展和扩展	注重耕地保护范围，用地总量及年度目标	注重生态保护，明确保护与控制要求，重视社会土地的可持续发展
规划类别	经济社会综合性规划	空间综合规划	空间专项规划	空间专项规划
空间分区	优先开发区、重点开发区、限制开发区、禁止开发区	已建区、适建区、限建区、禁建区	允许建设区、有条件建设区、限制建设区、禁止建设区	居住环境维护区、环境安全保障区、生态功能保育区、产业环境优化

（续）

规划名称	经济与社会发展规划	城乡规划	土地利用规划	生态环境保护规划
数据来源	统计数据	现状更新调查数据	卫星、遥感等数据	现状调查数据

资料来源：潘润秋，施炳晨，李禾．多规合一的内涵与数据融合的实现［J］．国土与自然资源研究，2019（2）：35－38.

关于多规合一的内涵，从规划本质上看，“多规合一”应当是一个规划协调的工作，是一个机制、一张蓝图，目的是促进城乡发展，加强城镇空间布局的协调与衔接，而非一种新的“规划”。从规划内容上看，应当确保“多规”的数据融合具有一致性，确保多规确定的保护性空间、开发边界、城市规模等重要空间参数的一致，并在统一的空间信息平台上划定生态控制线、基本农田控制线、城市增长边界控制线和产业区块控制线等，建立控制线体系。在工作过程中，“多规合一”是在规划目标、规划期限、技术操作和管理机制四个方面的合一，要结合各地实际，明确发展目标与方向，同时工作重点应放在建立一个统一的管理机制，实现部门互通、信息共享，协调消除各规划之间的矛盾，实现各部门并联审批过程中的沟通和协调。

第四节　“多规合一”的村庄规划特点与任务

一、“多规合一”村庄规划的特点

村级空间规划是村域产业振兴、村庄建设、资源保护与开发利用、生态环境保护与修复治理、文化传承与发扬等的综合性安排，它主要有以下几个特点：

时代性。任何一个规划都有深深的时代烙印。以人民为中心的思想，“创新、协调、绿色、开放、共享”五大发展理念，绿色发展、高质量发展以及“绿水青山就是金山银山”“山水林田湖草是一个生命共同体”“望得见山，看得见水，记得住乡愁”等要求已深入人心。村级空间规划也必然要贯彻落实这些新理念，并以此为指导，重点引领解决新时代农民、农业、农村存在的主要问题和最迫切的需求。

综合性。村级规划需要综合考虑与农村发展密切相关的乡村产业发展规划、村镇建设规划、土地利用规划、生态环境保护规划、新农村建设规划等规划安排，做好衔接，综合考虑农村农民发展的现实要求和长远需要，统筹安排产业发展、人口发展、村庄建设、人居环境改善、资源保护利用等各项活动，适应农民对美好生活的追求。

实施性。村级规划是微观层面的规划，应简洁明了，能让农村基层干部和普通农民群众看得懂、说得清。一方面要落实上级有关规划下达的任务，将耕地和基本农田保护、建设用地总量控制等落到实处；另一方面，在产业发展、村庄布局优化、建新拆旧、土地整治、生态环境治理等方面，科学合理安排各类项目，量力而行，先急后缓，突出重点，分步实施，循序渐进。

多样性。由于农村地域广，村庄数量多、分布散，每个村庄都或多或少具有一定的个性，或自然景观优美，或历史遗存丰富，或村落风貌独特，或人文气息浓厚，或产业特色突出；每个村庄亟须解决的主要问题，如上学就医、饮水灌溉、村庄环境脏乱差等不尽相同。农村的多样性和现实问题的差异性，也就决定了村级空间规划应是一个灵活多样的、彰显村庄个性的规划，是一个能让农民群众有深刻感受、看得到希望的规划。

二、“多规合一”村庄规划的任务

根据村级规划定位和基本特征，围绕乡村振兴的总目标，村级规划应考虑落实以下任务：

明确经济社会发展战略和目标。以自然资源条件和经济社会发展现状分析为基础，预测人口、经济、社会发展和资源环境保护利用趋势，制定发展战略和总体目标。

制定产业发展规划。确定产业发展目标，制定农业与其他产业如旅游、矿产开发等共同发展的方向，提出产业结构调整、竞争力提升、空间布局优化方案和村民就业创业方案，激发经济活力。

优化村庄布局与建设用地安排。制订村庄布局调整（迁并）方案，明确村庄地位、职能分工和人口规模，确定村庄发展时序和建设用地控制规模，提出村庄内部各项用地结构和布局。

强化对耕地的保护和整治。根据村庄发展的趋势明确未来村庄耕地和建设用地的变化，开展土地综合整治工程，引导村庄土地资源的合理利用，提出耕地保护措施。

强化生态修复与环境保护。提出生态保护和生态系统修复方案，落实生态保护红线，实施水土污染治理、生态系统修复、村庄人居环境改善等工程，改善生态环境，保障生态安全。

统筹基础设施和公共服务设施建设。提出村庄路、水、电、通讯等基础设施和教育、医疗保健、卫生、文娱、商贸服务等主要公共服务设施配置方案。统筹资源保护与开发，提出土地资源优化配置方案，合理确定土地利用结构和布局，落实耕地和基本农田保护任务，控制建设用地总量，提高利用效益，提出矿产资源、文化旅游资源及其他重要资源保护和利用方案。

加强村庄风貌保护与文化传承。提出传统民居、特色建筑、古树名木、历史遗存及村落整体风貌保护与修缮方案，整理传统技艺、民俗等非物质文化遗产，展现乡村文化，促进文化传承与乡风文明。制定规划实施保障措施，围绕规划实施，提出资金筹措、风险防范、项目实施监督、村民共建共管共享等具体保障措施。

当然，由于村庄的差异性，每个村庄的具体情况不尽相同，村级规划的任务并非千篇一律，也应当有所差别。如有的村庄应将田园综合体建设、自然灾害预防治理等纳入规划，以突出发展重点和解决主要问题。

第二章　村庄规划的前期研究

村庄规划的前期研究工作主要包括基础资料调查与整理、村庄现状条件分析、村庄建设用地分析、村庄发展预测等，通过这些资料可以全面认识、了解村庄的现实情况，从而确定村庄的发展方向。因此，前期研究在村庄规划中具有非常重要的作用。

第一节　村庄规划中“两规衔接”

一、“两规”分类标准存在的问题

《村庄规划用地分类指南》（住建部，2014）缺乏对农用地的细分，无法对接耕地、林地以及基本农田等约束性指标。《乡（镇）土地利用总体规划编制规程（TD/T 1025—2010）》（国土部，2010）缺乏对村庄建设用地（农村居民点用地）的细化分类，无法对建设用地进行分类管控。因此，两者的分类标准无法对村域用地进行合理有效的布局安排与管控。

二、“两规”分类标准的衔接

根据两者的利弊分析，衔接的核心思路为：大类主要对接国土部《土地规划用途分类及含义》标准，小类主要对接住建部《村庄规划用地分类指南》。

（一）建立建设用地二三级分类

根据土地用途，分为建设用地、农用地以及未利用地三类，作为一级分类。在国土部门土地利用规划中，城乡建设用地规模指标为约束性指标，是进行严格规模管控的用地分类。包括城镇用地、农村居民点用地、采矿用地、其他独立建设用地。因此，城乡建设用地作为二级分类单列，衔接过程中需要与这四类用地中较为明确的三级分类对应，以实现城规与土规两者规模上的协调。因此，建设用地的二级分类中区分城乡建设用地以及其他不纳入规模管控的建设用地。城乡建设用地下的三级分类按照土地用途分类，包括城镇用地、农村居民点用地、采矿用地、其他独立建设用地四类。

（二）厘清产业用地在城镇用地与农村居民点用地中的概念

城乡规划用地分类标准中，根据用地使用情况宜划定为工业用地，但存在大量零碎工业用地穿插于农村居民点用地的情况。土地利用规划分类标准中，根据是否进行补办手续实现国有土地出让的情况，已办证的纳入城镇用地统计，未办证的仍属于村庄建设用地。

（三）建立统一的非建设用地的认识

在非建设用地的认定上，两部门的分类也存在差异。

在土地利用规划分类标准中，水库水面划入建设用地，而在城乡用地分类标准中划为非建设用地。考虑与国土部门衔接的同时与统计口径的一致，水库水面作为建设用地中交通水利用地，属于二级分类。

在土地利用规划中将部分断面小于 6 米的村庄道路划为机耕路，列为非建设用地，而在城乡用地分类中，大多数村庄规划都将范围线内的道路用地列为建设用地。结合建设实际，村庄建设用地范围线内的所有村庄道路划为村庄道路用地，为城乡建设用地。

三、“两规”分类标准的统一

村庄建设用地布局前，首先解决用地分类标准统一的问题。规划中以《乡（镇）土地利用总体规划编制规程（TD/T 1025—2010)》为基础，结合《村庄规划用地分类指南》对村庄建设用地（农村居民点用地）的细化，综合确定统一的规划用地分类标准（表 2－1）。

表 2-1　村庄“两规”用地分类指标统一

<table>
<tr><th>一级类</th><th>二级类</th><th>三级类</th><th>四级类</th><th>五级类</th></tr>
<tr><td rowspan="5">农用地</td><td>耕地</td><td>包括水田、水浇地、旱地等三类</td><td></td><td></td></tr>
<tr><td>园地</td><td></td><td></td><td></td></tr>
<tr><td>林地</td><td></td><td></td><td></td></tr>
<tr><td>牧草地</td><td></td><td></td><td></td></tr>
<tr><td>其他农用地</td><td>包括设施农用地、农用道路、坑塘水面、农田水利地、田坎等5类</td><td></td><td></td></tr>
<tr><td rowspan="14">建设用地</td><td rowspan="12">城乡建设用地</td><td>城镇用地</td><td></td><td></td></tr>
<tr><td rowspan="9">农村居民点用地</td><td rowspan="2">村民住宅用地</td><td>住宅用地</td></tr>
<tr><td>混合式住宅用地</td></tr>
<tr><td rowspan="2">村庄公共服务用地</td><td>村庄公共服务设施用地</td></tr>
<tr><td>村庄公共场地</td></tr>
<tr><td rowspan="2">村庄产业用地</td><td>村庄商业服务员设施用地</td></tr>
<tr><td>村庄生产仓储用地</td></tr>
<tr><td rowspan="2">村庄基础设施用地</td><td>村庄交通设施用地</td></tr>
<tr><td>村庄公用设施用地</td></tr>
<tr><td>村庄其他建设用地</td><td></td></tr>
<tr><td>采矿用地</td><td></td><td></td></tr>
<tr><td>其他独立建设用地</td><td></td><td></td></tr>
<tr><td>交通水利用地</td><td>包括铁路用地、公路用地、民用机场用地、港口码头用地、管道运输用地、水库水面、水利工程建筑用地等7类</td><td></td><td></td></tr>
<tr><td>其他建设用地</td><td>包括风景名胜设施用地、特殊用地、盐田等3类</td><td></td><td></td></tr>
</table>

（续）

一级类	二级类	三级类	四级类	五级类
未利用地	自然保留地			
	水域	包括河流水面、湖泊水面和滩涂等3类		

第二节　基础资料的调查与整理

基础资料的调查与整理是村庄建设规划的核心工作之一，是其他工作的起始阶段，包括外业调查、资料收集和资料整理三项内容。

一、外业调查

（一）大比例尺地形图的准备

村庄建设规划是村庄规划的主要内容，编制村庄建设规划时，需要以1∶1 000～1∶2 000的大比例尺地形图为底图。

对村庄建成区大比例尺地形图的测绘是村庄规划外业调查中的一项基本任务。大比例尺地形图的测绘过程中，有条件的地方以基准水准点为起算点进行测量。找不到基准水准点的村庄，也可以建立本区自己的基准点测绘系统。但是无论采用哪种测量系统，必须在满足村庄建设规划中所有道路、建筑、管线的规划需求的基础上进行。

（二）外业填图

村庄规划需要小比例尺村庄地形图和大比例尺村庄地形图。村庄发展是动态的，在现状底图的基础上还需要进行补测，以填补新的现状地物，若补测条件不允许时，可采用最新卫星影像图进行现状地物补图，保证现状图的真实性，外业填图也是编制村庄规划的重要基础工作之一。

（三）规划构想预设

不同的村庄对将来发展方向都有不一样的设想，这就需要在外业调查之后，在尊重村民的建议和村庄实际情况的基础上，对村庄的未来发展和建设方向进行实地踏勘。最后经过整理、校对核实，形成初步的规划构想。规划前景预设调查同样是外业调查的重要内容，也是保障村庄规划顺利实施的重要环节。

二、资料收集内容

在城镇体系中村庄处于最底层，但村庄规划是复杂的系统工程，规划时需要的资料很多，主要内容包括以下方面：

1. 村庄区位

与城市、县城、乡镇三级的相对位置，是否纳入城镇建设用地，是否为连体村，村域主要交通道路，与县、乡镇空间联系方式和距离。与乡镇、周边村庄的关系，是否有产业协作、设施共享等。

2. 自然条件

主要包括气候气象、地形地质、水文、林、田等，调查河湖水系名称、分布、蓝线范围，以及林田的分布和面积，永久基本农田范围线等。

3. 历史文化

村庄发展历史、历史文化要素、历史名人等。村庄历史街巷、文物保护单位、历史建（构）筑物、非物质文化遗产及其载体空间的分布情况。

4. 经济状况

近十年的农业总产值、工业总产值、服务业总产值，集体经济收入、收入构成、人均纯收入、村庄企业情况等，调查村庄现状一、二、三产的内容和特点，一产主要为现状种养殖品种、规模、产量、经营模式和营利情况，二产主要为村庄范围内集体经营性产业用地发展情况、行业类型、产品年产值，是否影响村庄生态环境。三产主要是村庄范围内商业、服务业、旅游业经营情况。

5. 村庄人口

总户数、总人口，户籍人口、常住人口、外来人口，男女人口数量，年龄构成、教育背景、劳动力情况，近五年人口变化情况，非农业人口和农业人口数量。

6. 村庄用地情况

村域总面积、村域范围内现状村庄建设用地、村外建设用地总量，村庄建设用地构成等。

7. 村庄公共设施状况

村庄有无学校及其数量，位置及用地规模、使用情况，村委会的位置及用地规模，全村商店数量，卫生室的位置和规模，有无农家书屋和幸福院，有无文体广场、公园，有无集贸市场。现有公厕数量、面积及位置；垃圾收集点位置、数量；垃圾池数量、位置；有无清运设施、垃圾回收处理地点。

8. 道路交通设施

村域范围内区域性道路及公交场站、停车场等交通设施，名称、等级、宽度等；村庄现状道路结构和硬化率，主要道路、次要道路和街巷的数量和路面宽度，道路两侧有无绿化，绿化以何树种为主。晚间道路照明，例如有无路灯，路灯设置的具体位置及使用情况。

9. 村庄供水

是否集中供水，供水井数量，水塔数量，位置。地下管道埋设深度，最大管径及给水管道位置。

10. 村庄排水

地面自然排水还是管道排水，主要排水方向，汇聚于什么地方，生活污水的处理方法，是否有污水处理设施。

11. 村民的生活用能

村民做饭采用燃煤、液化气、沼气、天然气的情况。

12. 村民供热方式

集中还是分散及主要供热材料。

13. 村庄电源主要来源

变电站的位置数量及其等级，其中照明变压器和农业灌溉变压器的数量及其容量。

14. 全村固定电话数量

移动电话普及率和电信线路的接入来源。

15. 村庄房屋状况

房屋质量、层数及建设年代，平均每户宅基地面积和数量，其中空置宅基地的数量和面积，全村村庄建设用地总面积及其居住用地的面积；危房改造情况，全村文物古迹分布情况与介绍。

除收集村庄内部资料外，还需要去上级部门收集相关资料，乡镇土地利用规划、乡镇总体规划、乡镇统计报表；县（市）国民经济社会规划、经济统计年鉴，地名志、县志等，涉及县农业农村局、水利局、建设局等相关部门。

三、资料整理

（一）调查大纲的编制

依据村庄规划的要求及村庄现状资料，列出有针对性的调查资料，避免重复工作及调查的盲目性，为顺利开展工作提供支持。

（二）实地情况调研

可操作能落地的村庄规划必须由规划团队驻村进行详细调研，详细记录村庄的道路、房屋、基础设施、工农业等情况，搜集确切数据并标记于村庄遥感影像图或村庄现状图上，根据村庄目前急需解决的问题和现实存在的矛盾分主次一一记录下来，且要及时与相关部门沟通协商，并在规划的过程中与村委会保持联系，以确保资料的准确性。

（三）资料初步整理

把调查的资料整理并归类，把同一类别的资料整理在一起，把这些资料在图或表格上标示出来，用文字阐述。以实地调研的资料为主，把不真实的资料去除，留下有价值、正确的资料。调研困难的资料以相关部门资料为辅，认真分析并统计归类，从而为规划设计提供真实的资料，做出合理并符合村庄实际的规划。

第三节　村庄现状条件分析

村庄现状条件分析，是指对村庄自然、社会、经济、建设条件的全面分析，研判村庄的现实特征，从而确定村庄未来的发展方向，为制定方案和措施提供科学的依据。

一、自然条件分析

（一）地质

根据当地的土质、风化层等，若是处于地震带、火山活跃区、崩塌、滑坡、泥石流、地下漏斗等地质因素不稳定的区域，不应该进行村庄建设且需远离这些区域，已建成的村庄必须采取一系列工程措施，进行加固并适时采取防震措施。通过这些村庄条件确定地基承载力并进行规划布局，从而制定建筑层数、工程地质、工程防震、用地标准、村镇规模及其农业分布和工业建设等方面的标准。

（二）地形地貌

在进行村庄规划时，根据地形地貌因地制宜地进行合理规划。特别是在一些山区，其交通不畅、基础设施落后，大部分村落比较分散且规模小，因此如何引导村落集中布局，并在靠近交通便利的地段进行规划是工作的重点。

（三）气候条件

村庄的区位决定其气候类型，包括太阳辐射、风向、温度、降水、气象灾害等因素。一般来说，降水丰富的地区湿度大、气温高，因此这些区域房屋坡度要大，这样便于通风泄水，根据降水量减少的情况调整屋顶的坡度，从而可以节省建筑用材。地处寒温带和暖温带的我国东北大部分地区的村庄住宅屋檐低，门也较矮，这样有利于冬季保暖；位于温带的我国华北地区传统的四合院，庭院较大，门窗也高大，既能满足冬季的日照和采光的要求，也能防风沙；在热带亚热带气候条件下，全年高温多雨，我国东南沿海的一部分村庄，沿海、沿河流、沿山谷布置，目的是为了解决其通风降温的问题。

二、社会经济条件和基础设施分析

社会经济条件，反映村庄的经济实力和规划的方向，包括村庄的地理区位、交通情况、基础设施和安全性因素。

（一）地理区位

地理区位包含村庄的区位、人口、村庄产业结构和收入、发展水平。

1. 地理区位分析

村庄的区位条件，即村庄所在其市、县的位置，和周边村庄的联系程度及周围环境情况。突出村庄在区域中的地位和作用。村庄规划要适应和合理利用这些条件，以促进社会经济发展。同时要考虑村庄自身经济发展与乡村企业、县域经济的关系，还要明确村庄与周边村庄合作发展的可能性因素，充分发挥区位要素对村庄经济发展的定性及定位作用。

2. 人口

人口因素是村庄规划应该考虑的重要内容，同时也是村庄规划的主体。当前我国的工业化、城镇化的快速发展促进了农村人口的迁移。城乡之间的人口流动促使农村人口数量不断减少，村庄之间也形成了区域的空间变迁。例如，来自农村且长期从事二、三产业的农户定居在城镇，而其在农村的房屋常年空置形成空心村。接近郊区的农村人口的高度流动性，使得村庄统计人口数量变得十分困难，这将影响到村庄的规划。发达地区的人口进城，吸纳欠发达地区的人口来此地打工乃至定居，是规划必须要考虑的问题。

3. 产业结构

村庄的主导产业决定了村庄的性质及今后的发展方向，对村庄的结构、形态、耕作半径和居住形式有直接影响，规划时需要特别关注。随着农业规模化、机械化、现代化的发展，农业的生产方式发生了深刻的变化，这对村庄形态的演变产生了巨大影响。因此确立合理的产业结构，明确村庄适宜发展的产业，是村庄规划的核心内容，也是村庄特色发展的重要方面。因此，要把村庄产业发展规划放在重要的位置。

（二）交通运输

交通便利是村庄经济发展的重要条件。村庄规模的大小、分布与交通情况密切相关。

1. 对外交通

不同村庄的交通情况差异很大，村庄交通的便利与否是村庄经济发展的重要制约因素。因此，通过改变交通状况来促进村庄发展，是村庄规划中需要重点考虑的问题。

2. 田间路

大多数村庄的田间道路是泥土路，且比较杂乱，不利于农业生产的发展。为了适应农业现代化的要求需要进行重新规划，例如，硬化田间路以利于各种机械的行驶和操作。

3. 村庄内部道路

近年来，多数区域实施农村环境整治工程，村庄道路得到了极大改善，然而部分村庄道路存在年久失修、道路狭窄、未硬化的问题，雨雪天道路比较泥泞，影响村民出行，不能适应现代化生活的需要。因此，参照村镇规划道路标准来拓宽与硬化道路，并且与排水、给水工程进行统筹安排，避免重复建设造成浪费。

（三）基础设施的安全性

基础设施建设是提升村庄形象和改善民生的重要手段，也是缩短与城市差别的基础工程。主要包括区域性的基础设施和村庄内部的基础设施。

1. 区域性基础设施

区域性的基础设施包括公路、电力、通信、区域供水管网等。这些设施的规划将促进城市文明向农村传播，从而加强城市与农村的联系，并对农村的发展起到辐射带动作用。

（1）电力设施。总体上看，我国农村除个别地区，大体上实现了村村通电。但是农村电力供应问题有待进一步解决，农忙和春节期间不少农村仍然会存在停电、限电的现象；电力设施配备不足以及电力线的布局混乱都限制了电力的合理利用。因此，需要规划合理的发电、用电设备，这是促进村庄发展的重要条件。规划时应针对性地加强薄弱地区的电网改造，加强变电站建设，进一步完善城乡供电网络，提高农村用电的稳定性和安全性。

（2）通信设备。随着社会的快速发展，信息的重要性、生活的便捷性在农村地区不断加强。虽然我国电信事业的发展十分迅速，但是我国农村多而分散造成通信基础薄弱，因此在农村普及电话、有线电视、网络，使村庄与外界加强联系和信息交流就显得尤为重要，通信设备的合理规划是加快农村发展、帮助农民发家致富，提高生活水平的重要途径。

要推进广电网、电信网、互联网“三网融合”，积极发挥信息化为农业服务的作用，加快农村信息化建设进程。建立城乡农业信息网络互联中心，推进农村信息服务平台建设；健全农业信息收集和发布制度，整合涉农信息资源，推动农业信息数据收集整理，使其逐步规范化、标准化。为了推进农村信息化建设，有条件的村庄可铺设光缆，逐步实现光缆入村，网络入户，完善乡村数据处理站，创新服务模式，启动农村信息化示范工程。

（3）区域供水管网。农村区域供水管网是结构复杂、规模巨大的管线网络系统，是村庄赖以生存的血脉。作为保障村民生活、企业生产、公共服务和消防等各方面用水的地下供水管线，是村庄基础设施的重要组成部分。当前农村供水管网出现很多问题，例如管网质量低劣现象比较普遍、管网老化问题严重。由于村庄建设的发展，农村地区生活水平的提高对水的需求逐步增长，导致一些地区管网出现非正常运行。因此，需要对供水管网统筹规划、合理布局。

2. 村庄内部的基础设施

村庄内部的基础设施主要包括道路、环卫设施、教育卫生设施、供排水设施、安全保障设施、供暖设施、商业旅游服务设施等基本生活设施。这些设施将会给村庄的人居环境和生产生活带来保障和促进作用。

（1）环卫和厕所设施。在农村地区，垃圾堆放现象十分严重，一方面造成环境污染，影响村容村貌；另一方面还会占据一部分土地，从而造成土地资源的浪费。这些都是建设“美丽乡村”应该避免的问题，因此，进行村庄环卫设施的建设就显得尤为迫切。进行垃圾无害化处理，全面推行“村收集、镇清运、县消纳”的垃圾处理模式，初步形成覆盖全境的垃圾收集、清运、消纳的网络。垃圾分类、垃圾回收、垃圾箱的布局都是改善村庄环境，提高村庄形象和生活品质的关键环节。坚持统筹城乡协调发展的原则，加大政府主导和扶持力度，按照城区环境卫生管理的模式进行规划和建设，打破行政区划限制，实现环卫设施资源的共享。同时还要全面推进农村改厕工作，采取多种形式和综合措施，提高农村厕所的净化水平，消除卫生隐患。

（2）教育、医疗卫生设施。在有些村庄，现有教育设施和容量不能满足村镇人口尤其是日益增加的外来人口的需要。因此应该加大对基础教育的财政支持，不断推进教育基础设施建设。继续调整中小学的布局和规划，还要注重村民的知识需求，提高群众的文化素养，例如，在村庄建立文化站和文化阅览室。规划完善乡镇卫生院和村卫生室的建设，并尽力推广到每个行政村，实现县、乡、村三级医疗网络，满足村民基本就医需求，还要建设农村防疫和急救体系，减少乃至杜绝人畜疾病的感染和传播。

（3）供排水设施。政府应建立统一完善的城乡供水系统，同时改革现行的管理体制，突破部门利益和地区利益束缚，建立统一的水务管理机构，加强水资源的统一管理。将农村单村、联村等规模较小的供水工程整合起来，联片供水管网实现乡村成区、城乡一体。加快供水管网建设和村镇供水老旧管网的改造，城区管网、乡镇管网最大限度地向周边延伸，以扩大供水覆盖面，使农村自来水工程逐步与城市供水联网，做到同水网、同水质、同水价。进一步加大对农村安全饮水工程的资金投入力度，对偏远村庄的村级供水系统，按照小型供水系统的标准进行改建，增加净化水处理设施，确保供水水质达标。

统筹城乡排水与污水处理设施建设，合理配置污水处理厂，利用旧城、旧村改造和新城区建设的机会，配套完善地下排污管网的更新改造，以确保村庄生活污水全部收集进入污水处理厂进行集中处理。将乡镇附近的农村纳入污水管网收集范围，加快乡镇到附近农村的雨水、污水管道设施的规划建设，结合道路建设或改造，预留出相应的管道设施。远离城市、乡镇的农村集中居住区，应建设小型污水处理设施，使污水就地处理并确保达标排放。

(4) 安全保障设施。安全性是村庄最重要的选址和规划原则。村庄选址时应该加强地质条件和气候条件的分析，避开山体滑坡、泥石流、泄洪、崩塌、易涝、干旱、风沙等地质和气候条件不稳定的区域；村庄规划中对村庄防火、防洪、防地震的规划都要符合规定，都要配有相应的逃生通道和配备相应的救援设施，以确保村庄的安全和应对危害的能力。

(5) 供暖设施。我国北方村庄在冬季都有采暖期，现在大部分村庄都是采用一家一户的采暖的方式。在村庄规划中应该按照节材、节能的原则，因地制宜地采用取暖方式，推广沼气电能、液化气、天然气等清洁能源，以解决供暖问题，有条件的村庄还可以采用集中供热的方法。这些措施都是减少农村污染、提高农民生活舒适度的重要手段。

(6) 商业旅游服务设施。部分村庄的第三产业规模虽然庞大，但在三类产业结构中的比重偏低，并且第三产业多表现为旅馆业、娱乐场所、饮食店、发廊及其他简单街道摊点等，多数品质较差。此外，第三产业中的上游产业如高端的金融业及保险业在第三产业中所占比例很小甚至没有，无法形成完善的商业服务体系。

规划过程中应新建便民超市或连锁店，提高超市的便利性和购物环境的安全性；以便利店为载体，构建农资配送服务体系，确保农资购销渠道的安全可靠。推进农家乐和民俗户的基础设施改造，规范村庄标识；规划和完善市级、县级旅游服务接待站的设施。

第四节　“三生协调”分析

一、村庄“三生”系统的构成分析

乡村地区“三生系统”主要由自然生态系统、经济生产系统和社会生活系统构成。其中自然生态系统主要包括气候、水系、山林、农田等要素，是乡村建设的基础底图；经济生产系统主要以农业生产为主，而农业生产是一个经济再生产与自然再生产相互交错的过程，伴随着农业现代化的发展和不同农业经营模式的引入，其对于聚落体系和建设风貌都会产生影响；社会生活系统主要是根据不同地域居民的日常生活习惯形成村庄空间形态、建筑风貌、场所布局和文化传承。

二、新形势下“三生”分析的主要思路

在村庄规划中，要实现“三生”系统的协调发展，必须加强对于村域范围的统筹安排和系统引导。首先，应当分析区域性发展条件，根据村域的发展潜力、资源环境承载力、主导产业、地理位置等影响因素，确定村庄类型，明确村域“三生”系统建设的目标与策略；其次，应当强化村域整体用地布局，结合“三生”系统的建设要求，在传统城乡用地分类的基础上，细分村庄建设用地和非建设用地，确保三生系统的建设内容能够在用地空间上得到充分落实；第三，应当积极促进村庄公共服务及生态基础设施建设，引导公共服务均等化，创新建设管理机制，逐步将村庄规划形成一个全面引领“三生”系统协调发展的政策抓手。

第五节　村庄发展预测

所谓预测，就是对尚未发生、目前还不明确的事物进行预先估计，并推测出事物未来的发展趋势，从而协助管理者掌握情况，确定对策。村庄发展的预测包括村庄人口发展预测、村庄经济发展预测及各类用地需求预测。

一、村庄人口发展预测

农村人口对区域的发展起着非常重要的作用，主要表现在两个方面：一是区域劳动人口的数量影响区域自然资源开发利用的规模，即生产规模的大小；二是区域人口素质影响区域经济发展水平和区域产业的构成。

从农村这几年的发展情况来看，村庄人口呈现两种趋势：一些地区村庄持续衰落，人口不断减少；另一些地区的农村却有大量外来人口涌入，甚至大大超过了本村的人口。

（一）人口预测的一般方法

对于村庄规划中的人口预测，没有专门的方法，大多采用城市规划中人口预测方法，归纳起来主要有两种：指数增长预测和一元线性回归预测。

指数增长预测是在规划中最常用的一种方法。其公式是：

$$P_n=P_0(1+r)^n$$

其中，P_0 是基准年的人口规模，P_n 是规划期末的人口规模，r 是人口的平均增长率，n 是规划期限。该方法需要的指标是人口的增长率。在以上参数值准确的前提下，自然增长法具有普遍的适用性。

线性回归法预测是比较简单的一种方法。其公式为：

$$Y=a+bX$$

其中，Y 是规划期末人口，X 是规划年限，a、b 是系数。这种方法主要是利用计算机的软件进行拟合形成预测结果。同时还要检验 R 值，R 值只有越接近于1，预测的结果才更加准确。同时历年的人口规模数据越多，预测的结果也越精确。

这两种方法归根结底都是利用历年的人口增长规律来预测人口数，人口的预测不能简单地利用一种方法进行预测。

除此之外，还有对村庄人口规模的预测，这种情况下一般仅考虑人口的自然增长和农业剩余劳力的转移方向两个因素。随着农业经济的发展和产业结构的调整，村庄中的农业剩余劳力，大部分被就地吸收，从事手工业、养殖业和加工业，还有部分转移到集镇上务工经商。因此，对村庄来说，机械增长人数应是负数。故村庄的规划人口规模计算公式为：

$$N=A\times(1+K)^n+B$$

式中，N 为村庄规划人口规模，A 为村庄现有人口数，K 为年平均自然增长率，n 为规划年限，B 为机械增长人数。

（二）影响人口规模的因素

影响人口规模的因素很多，比如环境因素、工农业生产优势、产业结构和行政因素。规划时应从促进村民生活质量的角度来探索人口规模。同时影响人口规模的主要因素有自然条件、产业发展方向和环境容量。

1. 自然条件

包括区位、自然环境、资源等因素，这些因素都是村庄发展的条件，如果自然条件劣势，村庄发展的潜力就小，吸引人口的能量就小，所容纳的人口数量就受到限制。

2. 产业发展方向

产业是村庄经济发展的支柱，也是村民经济收入的主要来源。因此产业发展方向决定村庄经济的发展，也影响村民经济收入，进而影响到村民的生活水平及人口规模。从吸引外来人口方面来讲，产业发展直接决定外来人口的数量。有固定产业且经济效益大时，吸引的外来人口就多；反之，产业衰退或没有产业，村庄的吸引力相对较小。

3. 环境容量

环境容量，指某一环境在自然生态的结构和正常功能不受损害，人类生存环境质量不下降的前提下，能容纳的污染物的最大负荷量。在村庄规划中，首先要保证村庄的自然环境条件不受到破坏，比如大气环境、水环境和土壤环境，才能使村庄及其产业可持续发展。

二、村庄经济发展预测

（一）经济总量

村庄的经济总量是指国民生产总值。经济发展总量的预测，一般分为一、二、三产业的产值预测，因此，应分别以一、二、三产业分别进行预测，最后汇总为经济总量。

（二）产业结构

农村产业结构是指在农村经济中，一、二、三产业的比例关系及结合形式。通常用各产业的产值和各业占用的劳动力数量分别在农村经济总产值和农村总劳动力中所占的比重来反映。产业结构能反映村庄的经济状况。一般来说，随着村庄经济发展，二、三产业的比重必然要加大。

农村产业结构是一个有机的整体，各产业部门之间既相互联系又相互制约，因此需要全方位推进，同时需要各方面配合。农村大力推进农村产业结构调整，是促进农村经济增长，实现城乡融合的关键。要制定有效的调整原则和措施，实现农村产业结构不断高级化和合理化。

三、村庄土地需求量预测

土地需求量预测，是指对规划区内各业用地规模和动态变化所进行的测算，进而为协调产业间用地矛盾、编制土地利用总体规划提供依据。在编制村庄规划时，必须与各部门进行用地的协调，对土地利用做出全局的统一设想，并在协调的基础上对用地做出预测。

各类土地主要包括农业用地和建设用地两个方面，其中农业用地主要为：耕地、园地、牧草地、林地及水产养殖用地；建设用地按类型可分农村居民点用地、工业用地、矿业用地、交通运输用地、水利用地、道路地、风景旅游区用地、军事用地等。按土地利用计划管理体制又可分为农业建设用地和非农业建设用地。非农业建设用地又可细分为国家建设用地、集体建设用地和农村个人建设用地。

第六节　村庄建设用地分析

村庄建设用地，是指未划入城市和建制镇的居民点用地。其调查统计也只包括居民点内已建成的用地面积，调查过程中要注意以下几点：

（1）村庄建设用地主要由居民建筑用地（包含村民住宅用地、居民住宅用地、其他居住用地）组成，同时也包括服务设施用地（公共建设用地和公用工程设施用地）、生产建设用地（包含一类工业用地、二类工业用地、三类工业用地、农业生产设施用地)、道路交通用地(包括对外交通用地和道路广场用地)和绿化用地(包括公共绿地、防护绿地),但不包括农业生产设施用地和耕地、园地、林地、牧草地、水域等用地(作为绿化用地、庭院经济用地除外)。

(2)散居的居民住宅用地应统计到村庄用地。

(3)村庄外的学校、商店等应统计到村庄建设用地,但畜禽饲养点、打谷场、坑塘水面等除外。

(4)村庄建设用地的具体范围,应由乡政府、村民委员会以及土地、村镇建设等部门共同确定。

一、村庄用地规模的主要影响因素

村庄用地规模受村庄性质与经济结构、人口规模、自然地理条件和村庄布局等因素影响。就村庄性质和经济结构来说,村庄性质和经济结构的不同,其用地的构成不一样,用地规模也有差异,工矿型村庄中工业占地较多;交通枢纽村庄是物资集散地,需要较多的仓储用地和交通运输用地;风景游览型村庄中园林绿地比重较大;中心村的公共服务设施要为周边地区农村服务,其公共服务设施用地比一般村庄大。就村庄的人口规模来说,村庄人口规模的大小会直接影响村庄用地规模。村庄人口规模大,一般建筑平均层数较高、人口密度较大,人均用地指标就小,这些因素会对村庄用地规模带来一定的影响。就村庄的布局特点来说,一般情况下,紧凑布局要比分散布局更节省村庄用地;团状集中式布局比带状布局和村庄多组分散布局更节省道路用地,从而也节省了村庄用地。就自然地理条件来说,在平原沿海地区的村庄,其布局一般比较紧凑、占地少;而处于山丘区的村庄,布局相对松散,占地较多。此外,村庄用地规模还受村庄用地的历史情况、新建项目的用地指标等因素的影响。

二、村庄规划建设用地指标和构成比例

(一)人均建设用地指标

人均建设用地指标即为规划范围内的建设用地面积和村庄常住

人口数量相除得到的平均数值。但人口统计的范围与用地统计的范围应保持一致。

村庄规划建设用地的标准包括数量和质量两方面的要求。我国农村幅员辽阔，自然环境、生产条件、风俗习惯多样，加之长期自发建设，致使人均建设用地水平差异很大，难以在规划期内合理调整到位，这就决定了在村庄规划时，需要制定不同的用地标准。参照各省区市制定的人均建设用地指标和规划实例中人均用地状况，本着严格控制用地的原则，一般规定人均建设用地标准总的区间值为50～150平方米/人；同时，在总的区间值内按一定幅度划分为五个级别（表2-2）。

表2-2　人均建设用地指标分级

单位：平方米/人

级别	一	二	三	四	五
人均建设用地指标	50～60	60～80	80～100	100～120	120～150

注：村庄规划的人均建设用地指标一般按表中的第三级规定，当发展用地紧缺时，可以按照第二级标准确定。

对已存在的村庄进行规划时，人均建设用地指标规划应以现状建设用地的人均水平为基础，根据人均建设用地指标级别和允许调整幅度确定其面积，并应符合表2-3及各条款的规定。地广人稀的边远地区的村庄，应根据所在省区市政府规定的建设用地指标确定。

表2-3　人均建设用地指标调整控制

单位：平方米/人

现状人均建设用地水平	人均建设用地指标级别	允许调整幅度		
		经济发达区域	经济较发达区域	经济一般区域
≤50	一、二	应增5～20	应增5～20	应增5～20
50.1～60	一、二	可增0～20	可增0～20	可增0～15
60.1～80	二、三	可增0～15	可增0～10	可增0～15
80.1～100	二、三、四	可增、减0～15	可增、减0～10	可增、减0～10

（续）

现状人均建设用地水平	人均建设用地指标级别	允许调整幅度		
		经济发达区域	经济较发达区域	经济一般区域
100.1～120	三、四	可减0～15	可减0～15	可减0～15
120.1～150	四、五	可减0～20	可减0～20	可减0～15
>150	五	应减至150以内	应减至150以内	应减至150以内

注：允许调整幅度是指规划人均建设用地指标对现状人均建设用地水平的增减数值。

（二）建设用地构成比例

村庄规划中的居住建筑、生产建筑或服务设施、道路交通及绿化用地中公共绿地4类用地所占建设用地的比例宜符合表2-4的规定。

表2-4　建设用地构成比例

类别代码	用地类别	经济发达区域		经济较发达区域		经济一般区域	
		中心村	基层村	中心村	基层村	中心村	基层村
R	居住建筑用地	25～35	55～70	55～70	62～85	62～85	75～90
M/C	生产建筑用地[①]	15～30	6～12				
	服务设施用地[②]			6～12	5～10	5～10	3～7
S	道路交通用地	10～18	9～16	9～16	8～15	8～15	5～10
G1	公共绿地	7～15	4～10	2～4	2～4	2～4	2～4
四类用地之和		60～80	70～90	72～92	75～92	75～93	80～95

注：①为生产建筑用地对应指标；②为服务设施用地对应指标。

三、村庄建设用地选择与评价

（一）村庄建设用地选择

（1）村庄建设用地的选择应根据地理位置和自然条件、交通运输条件、占地的数量和质量、建筑和工程设施的现状、投资建设和经营的费用、环境质量和社会效益等因素，并通过经济情况的比较，选择最优地段。

（2）村庄建设用地宜选在水源充足、水质良好、便于排水、通风向阳和地质条件适宜的地段。

（3）村庄建设用地，宜选在生产作业区周围，并充分挖掘原有用地的潜力，保证同基本农田保护区规划相协调。当需要扩大用地规模时，宜选择沙地、荒地、白板地，尽量不占或少占耕地、林地和优质牧地。

（4）村庄建设用地应避开滑坡、泥石流、崩塌、风沙、地震断裂带等自然灾害影响地段，并且避开自然保护区、资源丰富区、地下漏斗区和地下采空区等区域。

（5）村庄建设用地应尽量避免被铁路、高速公路和高压输电线路穿过。

（二）村庄用地评价

按照《城市规划编制办法实施细则》规定，根据适宜性评价将村庄建设用地分为三类：

（1）一类用地。即适合修建的用地，指地理位置和自然条件优越的土地，以适应村庄各种基础设施的建设要求，不需或只需稍微实施工程措施即能建设的用地。

（2）二类用地。即基本上可用于修建的用地，对村庄的基础设施建设有一定的限制，需实施一定的工程措施，改善当前条件后可以修建的用地。

（3）三类用地。即不适宜用于修建的用地，指用地条件极差，不能满足修建要求，不宜做修建用地，或对这种用地的改造经济上不合算。

四、村庄建设用地平衡分析

各个村庄的用地规模因所在地区所具备的条件不同而异。但就一个村庄来说，各项建设用地都有一定的内在联系，在用地数量上都要保持恰当的比例，以协调各项事业的发展。在规划中，不仅要对现状用地进行平衡分析，从中寻找合理的用地关系，并在规划中解决。根据村庄的发展要求和前述村庄各类建设用地指标安排各类用地。

第三章　村庄产业发展规划

第一节　村庄产业发展规划的原则

农村产业发展规划的原则有市场导向原则、比较优势原则、龙头带动原则、技术创新原则和可持续发展原则。依据这些原则来完成规划中的各项内容，使产业发展更合理。根据市场来选择产业，发挥比较优势、龙头企业带动作用与技术创新调整提升产业结构，最终达到产业可持续发展。

一、市场导向原则

20 世纪 80 年代中期开始，我国步入国民经济工业化快速发展的新阶段，经济体制改革的全面推进，国有企业改革的相对滞后，市场体系的建立和培育，城乡工业联系的深化，既为农村产业发展提供了极为有利的市场空间，大大拓展了农村产业的市场范围，使其由社区性、区域性市场走向城市、全国乃至国际市场，而且也大大改善了生产要素的市场来源。伴随着生产规模的迅速扩大和市场条件向买方市场的急剧变化，农村产业发展明显受到国民经济和国际市场波动的严重影响。市场是衡量一个产业是否具有发展前景和竞争力的重要指标，它是最有效和最有活力的经济运行机制和资源配置手段，可以提高资源配置效率，使企业能够对供求的变化及时做出灵活有效的反应，具有减少资源的浪费、促进优势产业的发展等优点。那么在农村产业规划中，要培育和发展的产业，应该按照市场规律加以实现，通过市场竞争来决定产业的进入与退出，要避免像改革开放前农村内部产业自成体系、自我服务的封闭式产业循环方式。同时也要用规划来选择产业，控制各种产业的发展比例。

二、比较优势原则

由于农村产业雷同现象普遍，要在农村中培育和发展具有明显绝对或比较优势的产业，在区域劳动分工中处于领先地位，具有较高专业化程度和产业集聚性，能够代表当地产业的发展方向。因此，在村庄产业发展规划中要集中力量发展当地具有比较优势的产业，构筑具有竞争力的产业体系，形成分工协作、差异化竞争的格局。尽量避免地区间恶性竞争，充分发挥区域优势，大力发展特色优势产业，这是加快地区经济和产业发展的重要途径。

三、龙头带动原则

传统农村产业由于投资主体有限的经济实力而使企业小型化发展，龙头带动作用弱。而村庄产业发展要求发展一大批精、专、特的“小巨人”企业，以实现专业化生产、社会化分工。因为扶持和壮大产业化龙头企业，可以依靠市场力量带动产业发展，根据市场需求，树立名牌企业，创造名牌产品，健全市场网络。而且围绕龙头企业，有利于搞好基地建设。在村庄产业规划中可通过产业政策倾斜来扶持龙头企业。

四、技术创新原则

农村产业的技术来源于城市工业、科研院所和大专院校，传统技艺、技术的自我创新和农村产业内部的技术扩散以及海外技术转让。农村产业较大的技术选择空间和多样化的市场空间有利于农村产业的高速增长。农村产业规划中要增加科技含量高的企业的比例。实现产业结构升级转变经济增长方式要注意技术创新，注意改良技术的引进、吸收、消化和利用；加强技术储备，大力发展高新技术，加强战略性、基础性、关键性的科技研究；着重提高产业自主创新能力，加快建设创新载体，确立企业在创新中的主体地位，促进创新人才的集聚。

五、可持续发展原则

农村产业由于发展条件的限制，主要集中于食品、造纸、印染、化工、纺织、建材及矿采等行业，这些大都属于高污染的行业。而农村企业由于生产工艺、监测技术、废料处理等方面的落后，其污染的强度又明显高于城市企业。农村产业的高速增长是以高消耗资源和破坏生态环境为代价的。而且广大农村的绝大部分地区基础设施不佳，农村工业发展所需的供电、供水、供油、供气以及交通、通信、排污、仓储等一系列问题几乎都由各乡、各村、甚至各企业、各农户各搞一套，造成人力、物力、财力的极大浪费。对农村生态环境与经济发展造成了威胁，可持续发展以资源节约、环境友好为基本出发点，为最终目标。可持续发展原则引导村庄产业规划保护与合理利用耕地、水、植被、矿产资源，提高利用效率，减少资源的浪费，为经济发展提供保障；保护和改善生态环境，减少自然灾害的发生，为人们生产生活创造良好的条件。根据生态和环境保护的要求，制定产业准入门槛和限制性产业名录，倡导生态化、绿色化、资源减量化等产业发展理念。

第二节　村庄产业发展的约束因素

一、生态环境质量约束

生态环境质量对农村农业产业结构的影响是非常明显的，尤其是对农业生态产品有决定性作用，良好的生态环境能够生产出符合标准的产业。国际上对生态产品的认证都有严格的标准，其中原产地环境指标是最基本的指标之一，生态环境状况在绿色产品贸易中的作用已越来越重要。深山区生产活动较少，生态环境受人类活动的影响较小，环境质量好。随着我国城市快速发展，环境污染和生态条件恶化，环境质量给生态农产品和生态旅游业都带来巨大损失。例如城市郊区农用水污染比较严重，以有机污染为主，主要污染物是COD、BOD、挥发酚、氨氮等，重金属污染也在加重。而畜禽规模化养殖给郊区带来的环境问题日渐显现，并成为农村环境的重要污染源。广大农村地区由于大量使用化肥和农药，大量生产和生活垃圾肆意堆放，导致农村生态环境质量急剧下降，而环境质量的改善不是一朝一夕能成就的，生态环境质量问题将是产业发展的一个长期约束因素。

二、农村地域资源约束

资源是农村经济发展的基础，资源禀赋与资源利用程度直接影响当地经济发展程度和方向。资源对经济结构的影响主要体现在资源的数量、质量、结构和时空分布等方面，在一定程度上，资源约束程度决定了产品生产方向、生产成本的高低、比较效益的大小以及关键技术的选择。其中，当地最稀缺资源对经济结构的约束最为明显，体现出经济发展的“瓶颈”效应或“短缺因子”效应。在西部地区，水资源的影响更加明显，其次是农地资源，主要受农地的质量条件影响。

三、农村科技供给与推广应用约束

科学技术的整体水平和技术创新程度，是经济增长的重要基础，也是产业结构升级的基本条件。科学技术是当代经济发展中最活跃的要素，重大产业结构变化的根本原因是技术创新和技术革命。随着我国城市化水平的提高，大量农村人口涌向城市，我国大部分城市发展处于集聚阶段，单向流动为主，导致农村大量的优秀人才从农村走进城市，农村科技人才非常短缺。从总体上讲，广大农村地区的科技供给非常薄弱，农业科技的推广体系维持生存都很困难，使产业开发缺乏人才资源和技术储备。

四、市场约束

市场对农村经济结构升级有着最直接的影响。市场能诱导拉动农村经济结构调整，也对结构调整起到抑制作用。市场的约束主要在两个方面：一方面表现在市场需求不足的约束，我国农产品供求关系已由“卖方市场”转为“买方市场”，生态农业要满足市场多层次消费需求，主动提高农产品档次，为城区居民提供新鲜、时令产品，还要提供具有丰富文化内涵的精神产品；另一重要方面是市场流通的约束，农村社会化服务体系的发育很不完善，显著落后于农业发展的需要，农民进入市场的组织化程度还较低，市场网络体系的形成和完善还有待加强。

第三节　村庄产业发展模式的空间布局

一、对不同村庄制定不同的产业发展模式

由于村庄所处的自然状况、地形条件、经济发展水平、交通条件、产业特点等差异较大，针对不同的村庄需要制定不同的产业发展模式。通过分析村庄的资源禀赋，选择好村庄的主导产业，作为村庄空间规划的依据。根据村庄的现状条件，我们将村庄的产业发展模式划分为资源型、服务型和混合型。

资源型村庄拥有丰富的或得天独厚的自然资源，能够将资源转换成产业优势，支撑整个村庄区域的经济发展；服务型村庄一般具有较好的交通条件，或位于资源型城镇的周边，以第三产业为主，提供相关的各类服务；混合型村庄则具有多种产业发展要素，能够利用自有资源和服务等多方面的优势，带动村庄的发展。事实上，我国村庄具有复杂性和多样性，许多村庄具有多种产业发展要素，也有许多村庄甚至不具备产业发展基本条件。因此，在制定村庄产业发展模式时，要根据村庄的实际情况，充分挖掘村庄的产业发展要素，总结村庄的产业发展需求，为村庄规划提供产业发展依据。

二、选择适应村庄形态特性的空间布局

在确定了村庄产业发展定位后，就要结合村庄的特点将产业需求物化到具体的空间布局之中。尽管村庄规划与产业定位有着共同一致的发展目标，但是，两者不同的价值体系和不同的利益相关，使它们之间往往会有许多难以协调的矛盾。

在空间布局上，充分利用村庄现有的条件，使之成为产业发展的资源，并要控制好产业发展有可能带来的负面影响。第一，每个村庄都有它独特的因素，充分挖掘这些因素使之成为可利用的资源，这些因素本身并不显示“积极”或“消极”的一面，其正负面的效应取决于规划是否将它纳入辅助产业发展的轨道。规划的空间布局需要适应村庄形态特性，最大限度地发挥村庄的效能，从而推进产业的发展。第二，村庄自然和人文环境的保护是村庄可持续发展的基本要素，产业的发展必须建立在生态环境保护的基础上，要用空间布局的手段，以科学的方法将产业对生态环境产生的不良影响约束在可控的范围之内。第三，相对于城市，农村的生产和生活空间的存在方式是相互渗透的，产业的发展也会更直接地对村民的生活造成干扰。因此，在空间布局上就要对各种可能产生的影响做客观评估，为村民营建良好的生活和生产空间。

第四节　村庄产业发展规划内容

村庄产业规划内容与我国所处的经济发展阶段、经济发展水平以及面临的发展问题等有密切的关系。村庄产业规划一般包括以下内容：产业发展现状和特征的分析、产业发展目标和发展定位、产业发展重点方向、产业空间引导等。

一、村庄产业发展现状和特征分析

一个国家或地区的产业发展可分为不同的阶段，产业发展在各个阶段所面临的问题、发展的驱动因素、产业政策、空间布局特征及其区域经济影响作用明显不同。因此，村庄产业发展规划也要立足不同行业的总体发展态势，从更广阔的区域背景条件出发，搞清楚产业发展现状、问题和特征。

（一）村庄产业发展水平的判断

村庄产业不再是改革开放前具有强烈的社区性和自我服务性的产业，而是开放性，与区域产业相协调协作的产业。那么产业发展水平需要从行业和区域两个视角进行分析和判断。首先，要从不同行业的国际和国内发展趋势和特征出发，分析该行业在国际或国内同行业中的发展地位和优势，判断和分析该行业的总体发展水平。其次，要在村庄内部和村庄之间分析各行业的比较优势和发展水平。有时从行业角度来看，某行业并不代表本行业发展趋势和最高水平，但从整个村庄来看，却具有明显的比较优势；相反，有些行业在村庄发展中地位不一定突出，但它也许代表着行业的发展趋势。因此，对产业发展水平的判断，应该从行业自身和区域视角两个方面加以分析和判断。

（二）村庄产业发展存在的问题分析

准确分析和把握村庄产业在发展中存在的各种问题，是制定村庄产业发展和规划的基础。村庄产业发展存在的问题需要分析产业整体、不同产业之间、产业内部等在发展水平、产业关联、资源利用、区域优势发挥、生态和环境保护、产业用地等方面存在的问题或不足。

（三）村庄产业发展和空间布局的基本格局及其特点

从不同产业层次和空间视角，分析村庄各产业在量和质上的特征、比例关系、特色和优势产业发展状况、中小企业集群和产业链发展状况，研究产业在空间上的集疏规律和趋势，产业园区、产业基地和产业集聚带等的分布特征。

（四）村庄产业发展和布局变化趋势的预测

随着我国对外开放程度的深化，经济全球化和区域化对产业发展的影响显著增强，农村产业成为国民经济的一部分，产业间的竞争层次和深度也发生了变化。因此，科学预测产业发展趋势和空间变化态势，对产业发展和规划具有重要的意义。农村产业发展和空间变化预测包括产业规模和结构的变化趋势、产业关联的变化趋势、产业空间集疏的变化、产业发展重点空间的判断等。

二、村庄产业发展定位和目标

村庄产业发展定位和目标是产业规划的核心，产业发展方向、重点和空间引导等要围绕产业定位和目标展开。

（一）村庄产业发展定位

产业定位是指准确确定各产业在全国、省、市中所占据的地位、发挥的作用、承担的功能等。产业发展定位要立足于长远，从不同空间尺度，科学分析各产业在全国或大区域等不同空间尺度中发挥的作用和所处的地位。产业定位要体现以下几个方面：一是要有层次性，由大到小层层定位，如在国家层面和区域层面产业可能发挥的作用和所处的地位等；二是要以市场为导向，不拘泥于行业和区域自身的发展现状，从未来产业发展潜力和对周边区域发展可能带来的机遇进行定位；三是要体现未来性，要着眼于未来，从长远的发展前景和趋势看各个产业可能发挥或承担的作用和功能。

（二）村庄产业发展目标

村庄产业发展目标是从国内外宏观发展背景、新农村内部优势和劣势等条件出发，分析、判断和预测未来产业总体和各产业发展的前景。产业发展目标分为定性表述和量化目标的预测，量化目标包括产业总量、产业增长目标、产业结构目标、产业运行质量目标和产业空间调整目标等。按照时间尺度，产业发展目标又可以分为近期、中期和远期发展目标。

三、村庄产业发展方向和发展重点

在产业发展和规划之中，要确定产业发展方向，明确产业发展的重点。对于新农村产业规划来说，要根据新农村的产业特征、优势、市场需求等因素，确立其未来发展的重点产业，并设计相应发展和规划的方向和内容。

四、村庄产业空间规划

村庄产业空间规划是产业发展在空间上的具体落实。产业空间规划要根据新农村产业布局现状，结合产业发展和布局理论，发挥各产业的特色和优势，按照市场经济规律与政府宏观调控相结合的方式，以最大限度地利用空间资源、促进各产业的协调和持续发展为目标，在空间上合理配置和引导产业发展。

（一）村庄产业发展的空间引导

村庄产业的区位选择同样要依靠市场来调节，能够最大限度地利用各种资源和生产要素，并可以获得最大利益的空间是产业最佳的投资空间。村庄产业规划要引导产业在获得最大利益的基础上，尽量避免产业发展和布局造成地区土地、水、矿产等资源的浪费，减少产业发展对生态和环境的压力，形成产业空间配置相对平衡，促进地区经济发展和增加就业水平的良好发展态势。例如，引导乡镇企业集中连片发展、加快工业（商、贸）园区建设，促进小城镇建设，有利于改变布局散乱和重复建设问题；有利于生产力要素的合理流动、科学配置；有利于发挥集聚效应、投资效益，节约土地和资源；有利于加快第三产业的发展，有效转移农村富余劳动力；有利于集中治理污染，解决环境问题；有利于加强对乡镇企业的管理和社会化服务体系的建立健全。

村庄产业规划通过产业政策建立行业准入机制，引导不同类型的产业在相应的区域发展和布局。比如，要发挥生态服务功能，其产业引导方向就要限制污染类、对资源消耗大的化工产业的发展，重点是鼓励发展一些生态和环境友好的产业，如旅游业等。对于日常消费类行业主要依靠市场来决定其投资区位，产业空间引导主要是通过用地、税收、环境保护等政策工具进行调控。

（二）村庄产业发展点（轴、带）的规划

村庄产业在空间上的发展不会均衡展开，在一些区位条件优越的地点、交通干线两侧等会形成不同规模、等级的产业集聚点和集聚轴（带），这些产业集聚点（轴、带）是不同层次区域经济发展的重要依托和支撑，也是各类产业发展的核心区。因此，按照市场经济规律，最大限度利用不同层次区域的各种资源优势，促进不同类型、规模的产业集聚点（轴、带）的形成和发展。

（三）村庄产业空间的管治

产业在空间上的发展要充分考虑到生态与环境的约束和人居环境发展的要求。针对重要的生态和环境保护区、居住区、文物保护

区、风景名胜区等区域或轴线，应制定严格的产业发展和布局的限制政策，形成不同层次的产业管制区。根据产业管制区类型特征，按照强制性、指导性、引导性等政策手段进行分类指导，目标是促进产业发展与生态建设和环境保护相协调。

五、村庄产业发展规划的支撑条件

村庄产业发展和规划的实施需要与产业发展配套的支撑体系，比如良好的交通道路、健全的流通体系、完善的市场体系等都是产业依赖的基础。因此，围绕重点产业集聚点和集聚轴（带），按照市场规则和适度超前的原则，建设和完善村庄产业发展必需的基础设施和服务体系，形成跨区域共建和共享机制，促进产业可持续发展。

第五节　村庄产业发展案例

一、东部平原村庄产业发展规划

（一）村庄概况

寿山寺村位于河北省邯郸市馆陶县城的西南部，距离县城约4千米。北侧紧邻邯聊之间联系的新309国道，南侧与老309国道相邻；距青兰高速最近出口仅4千米，交通条件便利，为邯聊市民、京津游客来此旅游提供了便利条件。

寿山寺村隶属于馆陶县寿山寺乡，包括寿东村、寿南村和寿北村三个自然村。截至2015年底，全村共677户，2 572人，村域总用地6 280亩，包含耕地5 215亩，村庄建设用地1 065亩。其中寿东村188户，714人，耕地1 447亩，村庄建设用地323亩；寿南村203户，857人，耕地1 778亩，村庄建设用地394亩；寿北村286户，1 001人，耕地1 990亩，村庄建设用地348亩。

（二）产业发展规划

1. 产业定位

虽然寿山寺村没有丰富的资源条件、历史文化，产业基础也比较薄弱，但村庄的区位交通便利，空房较多，并且有海增粮艺公司及众多闲暇时爱好手工制作的核心人力资源，通过对这些优势进行分析总结，确定村庄的产业定位为：以粮食画为主，打造集生产、研发、创作、体验和销售为一体的特色乡村旅游示范村。

2. 主导产业类型及发展思路

结合产业发展定位，寿山寺村应选择粮食画产业和旅游服务业作为村庄的主导产业。紧扣粮画主题和粮画支柱产业，向下延伸至农业和加工业，农业以提升现有种植业，发展现代农业以及打造粮画原材料试验田为方向，加工业以粮食加工和粮画原料初步加工为主，向上延伸至围绕粮画主题的多元化旅游线路和产品开发，以形成一二三产业联动，各产业分工明确，主题统一的本地特色产业体系；以粮画制作为中心进行突出强化，引进一系列传统手工艺，在村庄整体环境和产业布局上进行优化，形成传统手工艺荟萃，艺术创作氛围浓厚，产业集聚效应强，同时保留乡村原生态和乡土风情的特色乡村；明确寿山寺村产业提升的目标受众，多元化发展创造多样化的就业机会吸引本地村民转向二、三业，多元化的发展提供多样化的服务以满足多层次的消费群体需求，加强对不同经营形式的管理和引导。

3. 发展目标

以农旅融合为突破，以生态为引领，实现粮画产业链延伸和本地特色产业体系构建，从而推动产业结构优化升级，带动本村经济并辐射周边。打造乡村艺术品牌，成为具有代表性的生态良好、环境宜人、特色鲜明、生活品质好、艺术氛围浓、乡土气息保存完整，本地文化引人入胜的粮画小镇。贯彻“一业、两网、三化”即“第六产业、互联网物联网、新型农业化、新型城镇化和服务现代化”的发展方针，使本地产业借助现代化手段实现新的腾飞。

二、中部城郊型村庄产业发展规划

（一）村庄概况

岔口村位于陕西省富平县梅家坪镇西北部，距离富平县城约

28.6千米，梅家坪镇2.3千米，距离铜川新区约1.8千米，耀州区约1.2千米，属于典型的城郊型村庄。其西邻包茂高速，东邻咸铜铁路，210国道、富耀公路穿境而过，交通便利，区位优势明显。

2015年底，岔口村共辖3个自然村，860户，总人口3 086人，外出务工人员160余人。全村经济以第一产业为主，第二、三产业所占比例较低，人均年纯收入为5 500元。农户收入来源主要有种植粮食作物、经济作物、养殖家禽、外出务工和个体经营。岔口村虽位于富平县西北边陲，又是革命老区，但由于远离富平县经济发展的规划圈，加之当地群众受传统农耕思想的束缚，仍保留传统的农业产业链，经济社会发展明显滞后。

（二）产业发展

1. 挖掘当地特色，发展城郊农业

岔口村作为典型的城郊村，其对城区起着生产、生活、生态的功能。结合岔口村现状资源，立足本村固有资源特色，首先，岔口村可重点打造中高档次绿色蔬菜，提高农产品价值和竞争力，让市民吃的放心；其次，依据其自然基础，在满足对城区水果蔬菜基础供应外可开辟更大市场；最后，结合岔口村的畜牧养殖现状，可以打造“水果种植＋林间畜牧散养”的生态复合生产模式，形成岔口美丽乡村种养基地。针对岔口村产业规模小的现状，可鼓励有条件的农户发展庭院经济，开发利用家庭庭院及四周空地，以家庭成员为主要劳动力，从事果蔬种植、畜禽养殖、家庭加工、农家乐等经营形式。对于规模较小农户可单独发展其中一种类型，对于面积较大庭院可发展“以农带畜、以畜促沼、以沼促果、果畜结合”的三位一体模式或其他更多模式。总体来说，要充分利用岔口村良好区位优势和资源优势，大力发展城郊农业。

2. 依托龙头企业，发展加工、贸易产业与涉农运输产业

岔口村要走以龙头企业为先导，以农产品加工基地为依托的特色农业深加工道路。首先为吸引龙头企业落户到岔口，政府要加大招商引资力度，通过招商引资的方式解决资金和技术上的难题，实

现精深加工型特色农业跨越式的发展。其次，利用其良好的区位和资源优势，建立农副产品交易中心，完成从“加工—贸易”的产业链延伸。最后可利用其紧靠210国道和包茂高速的优势，发展涉农物流运输业，延长农业产业链以及依托服务陕西陕焦化工有限公司，最终形成岔口美丽乡村“水果蔬菜粮食种植＋农副产品加工＋大型高低温冷藏库＋农副产品贸易＋涉农物流运输”的农业产业经营模式。

3. 发挥区位优势，发展观光农业与乡村旅游

随着美丽乡村建设的推进，乡村服务设施将不断完善、景观环境质量将得到提升，乡村已成为城市居民休闲旅游的首选目的地。岔口村良好的地理区位和丰富的自然资源、历史人文禀赋，使其具有良好的乡村旅游发展前景。岔口村苹果资源丰富，在此基础上，可引进更多具有观赏价值的品种，形成丰富多彩的观光苹果园。樱桃是一种观赏性较高且经济效益较高的果树，岔口村现存少量樱桃种植，但不成规模且不具备游客观光、采摘的条件，应推进规模化生产，同时体现地域特色。大棚草莓种植技术市场前景广阔，可实现草莓全年种植。还应根据城区市场需求，引进优质蔬菜、高产瓜果、观赏花卉等作物，组建品种丰富、无季节性的特色观光农业园。同时结合畜牧养殖，形成观光牧业。此外，可将岔口村的传统民居加以改造利用，融入民俗元素，发展民宿产业。最终形成“观光采摘＋民俗体验＋农家乐”为体系的休闲观光农业和乡村旅游业。

4. 有机结合观光农业，发展红色旅游产业

岔口村红色旅游业，可结合休闲观光农业，设计一体化旅游线路，共享服务设施。保护利用托米家窑旧址作为革命物质遗产展示区，发掘革命历史故事，大力发展红色体验旅游，结合岔口村地形状况，打造爱国主义教育基地和红色革命体验区。同时完成对红色协会的恢复，延伸红色旅游路线。参观者可通过“参观红色遗址展列、听革命故事、看革命电影、当一天红军、走一段红军路”等活动，深入体验和领略革命先烈艰苦奋斗的文化内涵与魅力。通过住窑洞，吃红色饭菜与土家餐，走红色路线，参加红色休闲娱乐活动，购红色纪念品、手工艺品等旅游活动，满足游客吃住行、游乐购的一站式旅游体验。同时，注重对红色旅游的延伸，完成对古文化遗产的保护与恢复。可通过对岔口村老堡子的恢复，打造特色黄土窑洞农家乐，使市民有红色遗迹—黄土地貌—古堡子的由下至上的立体式旅游新体验。科学策划“四大产品”，即历史文化与红色旅游产品、传统工艺与民俗文化旅游产品、科技农业与乡村旅游产品、自然观光与特色农产品，满足游客对各种旅游产品的需要。

三、南方村落保护型产业融合发展规划

（一）村庄概况

唐模村是安徽省黄山市徽州区的一个历史传统村落，归属潜口镇管辖。其距离黄山中心区位（屯溪）26 千米，距离黄山规划风景区 43 千米。

唐模村占地面积 4 平方千米，其中包括水域 20 公顷，林地 105 公顷，农业耕地 104 公顷。

（二）融合发展

在保护的前提下，合理利用唐模村的历史文化资源，系统展示现有的文化遗存，使唐模村的文化特色在未来农村发展建设中得以传承，提升村民的整体生活水平，增加对唐模村乃至皖南传统村落的历史文化特点的认同感和归属感。融合发展模式如下：

（1）以一产为主导的一二三融合模式，以唐模村的特色种养殖为依托，打破传统农业产业界限，通过农产品加工、传统手工制作等第二产业的发展及产业服务、休闲服务的介入，延伸产业链，推进一二三产业融合发展。

实现“特色种养殖—加工—服务体验”的全产业链融合发展。农产品与加工业的融合主要可以通过两个路径实现：一方面可依托企业进驻，实现现代机械化精深加工和循环利用，实现产销研产业链的延伸与三产的融合；另一方面通过传统技术人才进行手工制作，形成非遗、特色饮食、手工艺品、旅游纪念品等特色多样产

品，发展体验式消费，推动三产的融合。同时基于农产品的基本生产功能，利用生态环境、自然风景区等原生优质资源，可直接推动观光、科普、体验、度假等服务业的发展，通过农业生产功能的拓展实现三产的融合。

（2）以二产加工为主导的三产融合发展模式。延伸唐模的农业产业链，通过农产品精深加工、冷链物流体系建设、优势产区批发市场建设等方式，实现农副产业与市场流通、存储的有机衔接，构建一二产与三产间的联系纽带，促进“农业＋加工业”“农业＋服务业”的融合。

（3）以三产为主导的“三二一”融合发展模式。利用唐模旅游聚集人气和促进消费的优势，通过旅游活动的开展、旅游购物的消费以及旅游服务的体验，形成以消费聚集为引导的一二三产融合模式。

拓展农业多种功能，推动农业与旅游、教育、文化等产业深入融合，实现农业从生产向生态、生活功能拓展；大力发展休闲农业、乡村旅游、创意农业、农耕体验及乡村手工艺等，使之成为繁荣农村、富裕农民的新兴支柱产业。

发展农村新型创意业态，包括休闲观光、体验农业、养生养老、创意农业等旅游业态，优质林果、设施蔬菜、草食畜牧、中药材种植等特色业态，农村电商、农产品定制等“互联网＋”等新业态，促进“加工业＋服务业”“农业＋加工业＋服务业”融合。

拓展农业多种功能，建设旅游配套基础设施、展示场所、农耕文化体验产品、特色产品展示及服务等项目，引导和支持社会资本开发农民参与度高、受益面广的休闲旅游项目，推动休闲农业和乡村旅游提档升级。

第四章 村庄“三生空间”和空间布局

第一节 村庄“三生空间”协调发展

一、村庄“三生空间”协调的发展内涵

（一）村庄“三生空间”的构成

村庄生产空间主要为村民从事生产性活动的空间，包括一产、二产、三产的产业用地以及相关配套的设施用地、道路用地等。一产指农林牧副渔业，包含传统农业、现代化的设施农业和生态农业等；二产主要涉及农产品的制造，包括农副产品加工、储存和运输等；三产主要是指与农业相关的现代服务产业，包括农业观光、休闲娱乐等。生活空间是村民的居住空间、公共活动空间及连接这些空间的道路和景观要素等。生态空间主要包括自然水域、非生产性的农田、林地等要素以及地形地貌等场域内容，是乡村建设的基础底图。

（二）村庄“三生空间”的特性

1. 空间功能的复合性

通常村庄“三生空间”的功能具有复合性特点。例如村庄内部以旅游接待为主导的生活—生产复合空间，主要体现为“产居一体化”的空间模式，诸如民宿、农家乐等业态形式，取代了原有的传统种植养殖和日常生活空间；再例如被用于旅游游憩活动的水体、农林用地等构成的生产—生态复合空间。空间功能的复合性体现在基于不同的认知和立场上，同一用地空间具有不同的空间属性，生产、生活、生态代表的只是其所在空间的主导功能。

2. 空间系统的动态性

在村庄建设发展过程中，“三生空间”也会随着城乡一体化的推进、生活水平的提高等内外环境因素的改变而发生相应的变化。在一定的空间范围内，生产、生活、生态空间作为村庄空间系统的3个子系统，会呈现出一种此消彼长的相互影响和制约的动态关系。例如，闲置建设用地的复垦，即由原来的生活或生产空间，变成新的生产或生态空间；乡村现代服务业的发展导致旅游设施用地的增加和原生态空间的减少等。

3. 空间尺度的异质性

在村域空间尺度下，每个独立的村庄居民点都被视为村庄的生活空间，而除自然水域、生态林地外，周围广阔的农林区则被视为村庄的生产空间。在村庄居民点空间尺度下，村庄集中的生产仓储用地、商业设施用地可归为生产空间，其他集中的村民住宅用地则被视为生活空间。再进一步到单栋的村民住宅为生活空间，而前后的院落、闲置空地是可用于种植养殖、旅游服务的生产空间。“三生空间”在不同的空间尺度其包含的内容不尽相同。

（三）村庄“三生空间”的相互关系

村庄生产、生活和生态空间的目标导向和发展路径各不相同，三者之间相互影响和制约，是有机结合的统一整体（图4-1）。

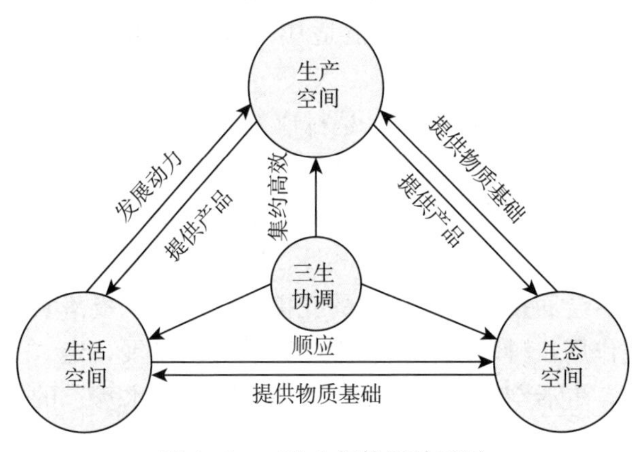

图4-1　三生空间协调关系图

生产空间与产业发展有关，是提供农产品、服务产品，支撑村庄经济繁荣的区域，服务对象主要是物，追求用地集约和产出高效。生活空间与人居保障有关，是承载居住、消费和休闲等活动的区域，服务对象主要是人，追求服务方便和宜居适度。生态空间与村庄自然基底有关，是提供物质基础的区域，服务对象为人和物，追求山清水秀的环境质量和对自然的保护与尊重。

（四）村庄“三生”协调的理念诉求

改革开放以来，随着城乡一体化、快速工业化的不断推进和人口流动、社会观念、个性需求等变化所带来的影响，传统的农村地区在得到长足发展的同时，出现了生产低效、生活不便、生态恶化等现实问题。总体来看，“三生空间”的发展不平衡与中国农村长期以来以“生活空间主导”的发展观直接联系。以生活空间发展为主导的建设模式与发展策略，往往过多关注于村庄风貌整治、基础设施建设、村民住宅建设等物质规划层面，缺少对村庄空间发展机制的深入分析，缺乏与生态空间和生产空间统一、协调的整体谋划，使得村庄建设破坏了原有的生态格局，村庄产业发展趋同导致村民增收乏力等。长此以往，在外源因素影响和内部推拉机制的共同作用下，导致原有相对稳定的村庄发展失衡，“三生空间”此消彼长，原有的空间载体已不能适应当前发展需要，因而出现了问题。

由此看来，“三生空间”是村庄健康发展的综合平台，通过三生空间的建设可以促进村庄生产、生活、生态的协调发展。在村庄空间布局中，应当在规划思路上从“生活空间主导”向“三生融合协调发展”转变（图 4－2），通过合理发挥生态空间的基础性作用，全面提升生产空间的支撑性作用，积极落实生活空间的承载性作用，科学引导“三生空间”协调发展，走“生产空间集约高效，生活空间宜居适度，生态空间山清水秀”的乡村发展之路。

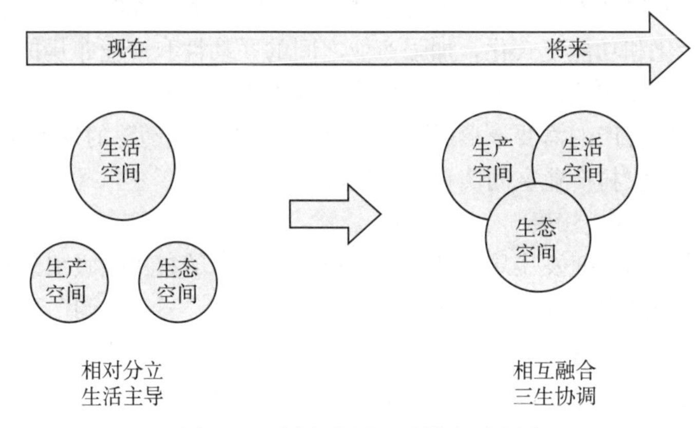

图 4-2　村庄发展思路转变示意图

二、“三生协调”理念对村庄空间布局的影响

提高空间利用效率是村庄空间布局的重要任务和目标，高质量的空间利用主要体现在良好的生态环境质量、土地资源合理利用、产业发展科学布局和基础设施配套齐全等方面。

（一）土地利用

不同于以往以政府意志为主要依据开展的集中式布局的空间利用方法，“三生协调”理念的作用在于：尊重和延续村庄原有空间机理，不搞大拆大建，合理优化村庄居民点布局。随村庄的建设发展进行土地资源的不断优化和整合，使多余的闲置土地和低效利用的土地得以缩减，挖掘存量土地的开发潜力，从而提高土地的利用效率。通过土地整理有助于增加耕地面积，提高村庄生态用地比例和改善土地的环境质量。

（二）产业布局

由于传统的农业生产效率较低，随着乡村旅游迅速发展和现代农业科技带来的影响，农村地区的产业结构和生产方式也随之改变。例如，村庄休闲农业、现代农业的发展带来了游客、旅游接待人员、农家乐经营者等，从而导致了旅游设施用地的增加，部分村民住宅向民宿发展等。“三生协调”理念旨在将传统的村庄产业布局多元化和功能复合化，加强产业之间的联动性和产业布局的集聚效应，促进农业向规模化、特色化、深加工方向发展，满足乡村旅游和村民生产的需要，形成“产村融合”“农旅互动”的发展模式，从而使得农村产业空间实现更高的经济效益。

（三）村庄设施

城市的快速发展导致城乡差距拉大，更多的村民被吸引到基础设施和公共服务设施配置更加完善的城镇中。“三生协调”理念要求进一步提升村庄设施配套水平，引导公共服务设施均等化，提高设施使用效率，推进乡村特色空间塑造，从而增强村庄服务能力和吸引力，逐步提高村庄宜居舒适性，有利于解决当前的“空心村”问题。例如，基于居民出行和旅游发展导致交通问题及停车设施需求，在生活、生产空间布局上要综合考虑。注重基础设施的完备和科学布置，要求做好各专项规划，特别是排水、环保环卫等专项。

（四）生态环境

原有的农村建设往往对生态环境的保护、重视不足，为了获取更多的生产资源以提高经济收益，生态资源的任意开发和对生态保护红线的忽视，导致村庄生态环境不断恶化。在“三生协调”的理念引导下，空间布局时要充分考虑地形特点，尽可能维护村庄原有生态本底，保留原有的自然植被、河道坑塘等环境要素，并将生态景观规划有机融入，使原来单一的生态功能逐渐融入生活、生产功能。在集约利用的基础上，注重对生态空间的恢复和对闲置空间的生态利用，加大生态多样性建设，逐步打破碎片化的布局模式，趋于完整化、系统化，实现资源环境生态化。

三、村庄“三生协调”空间布局的实现路径

当前要加强村域范围内空间利用的统筹安排，通过发展分析、系统引导、规划落实三个步骤，构建“矛盾加剧、发展失衡—统筹协调、空间重构—三生一体、达到稳态”的内在关联，整体实现村庄“三生融合”协调发展模式（图 4 - 3）。首先应加强对村庄地理

区位、产业结构等影响村庄空间发展的因素分析，明确村庄发展类型，归纳总结村庄生产、生活和生态空间发展过程中存在的问题；其次结合"三生协调"理念的发展要求制定建设目标，因地制宜整合空间发展对策，系统引导村庄整体用地布局；最后通过实施保障，确保三生空间建设内容能充分落实。

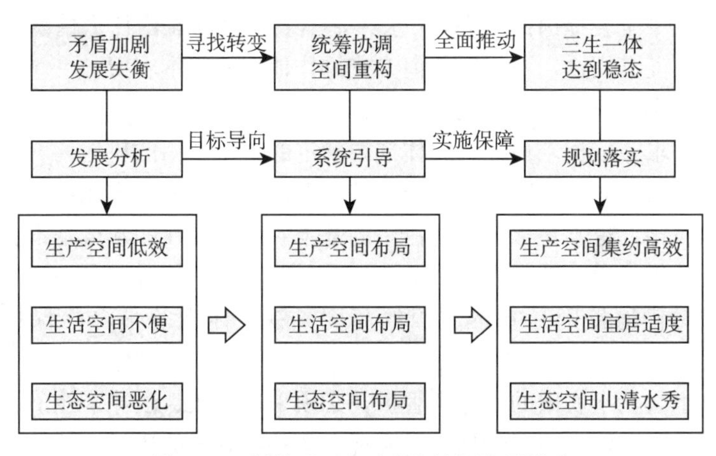

图4-3　村镇"三生融合"协调发展模式

四、生态空间的划定

生态空间：指具有自然属性、以提供生态服务或生态产品为主体功能的国土空间，包括森林、草原、湿地、河流、湖泊、滩涂、岸线、海洋、荒地、荒漠、戈壁、冰川、高山冻原、无居民海岛等。

生态保护红线：指在生态空间范围内具有特殊重要生态功能、必须强制性严格保护的区域，是保障和维护国家生态安全的底线和生命线，通常包括具有重要水源涵养、生物多样性维护、水土保持、防风固沙、海岸生态稳定等功能的生态功能重要区域，以及水土流失、土地沙化、石漠化、盐渍化等生态环境敏感脆弱区域。

村庄规划落实生态保护红线，将具有水源涵养、生物多样性维护、水土保持、海岸生态稳定等生态功能重要区域和生态遭严重破坏的生态敏感区脆弱区优先划入生态空间，明确生态空间管制规则，并提出村庄生态环境修复和整治措施。

五、永久基本农田划定

永久基本农田即对基本农田实行永久性保护。2008 年中共十七届三中全会提出此概念，“永久基本农田”即无论什么情况下都不能改变其用途，不得以任何方式挪作他用的基本农田。

基本农田，是指中国按照一定时期人口和社会经济发展对农产品的需求，依据土地利用总体规划确定的不得占用的耕地。

永久基本农田既不是在原有基本农田中挑选的一定比例的优质基本农田，也不是永远不能占用的基本农田。现在的永久基本农田就是我们常说的基本农田。加上“永久”两字，体现了党中央、国务院对耕地特别是基本农田的高度重视，体现的是严格保护的态度。

永久基本农田的划定和管护，必须采取行政、法律、经济、技术等综合手段，加强管理，以实现永久基本农田的质量、数量、生态等全方面管护。2020 年，永久基本农田不少于 15.46 亿亩。县级和乡（镇）土地利用总体规划应当确定基本农田保护区，村庄规划主要落实永久基本农田和永久基本农田储备区划定成果，统筹安排农业发展空间，明确农业空间管制原则。

第二节　村庄形态和总体布局

一、村庄的发展目标与规模

（一）村庄发展目标的确定

村庄发展应根据国家、市、县、乡镇和村社会发展计划与规划，以及村庄的历史、自然和经济条件，合理确定村庄的性质、规模，进行村庄的结构布局，做到布局合理、功能齐全、设施配套、交通方便、环境优美、居住舒适，以获得较高的社会、经济和生态效益，实现村庄和谐健康发展。

（二）村庄发展规模的确定

村庄规模与发展的预期类型、布局形式有关，并受耕作半径和生产、管理水平制约，同时受地区的自然条件、交通、人口密度以及其他社会经济条件的影响。村庄规模大、耕作半径过大，就会超过生产力水平的要求，对生产不利。因此，确定村庄的规模，要因地制宜，必须兼顾有利于生产、有利于农民生活两方面的要求。

村庄发展目标确定以后，就要根据规划期的发展要求估算村庄的规模。村庄规模主要指人口规模和用地规模。通常用地规模随村庄人口规模而变化，所以村庄规模也可以用村庄人口规模来确定。

村庄的用地规模与村庄总人口规模、建设项目和建筑标准以及各类建设用地标准有关。在进行村庄用地的范围统计时，为了便于比较村庄规划期内土地利用的变化，以及各个不同规划方案的比较和选定，增强用地统计工作的科学性，村庄现状和规划用地应统一按规划范围进行统计。在规划图中，将规划范围明确的用一条线表示出来，这个范围既是统计范围，也是村庄用地规模的工作范围。

二、总体规划布局中出现的问题

在进行村庄总体规划布局时，不仅要确定村庄在规划期限内的布局，还必须研究村庄未来的发展方向和发展方式，包括生产区、住宅区、休息区、公共中心以及交通运输系统等的发展方式。有些村庄，尤其是某些资源、交通运输等诸方面的社会经济和建设条件较好的村庄，其发展十分迅速，往往在规划期未满就达到了规划规模，不得不重新制定布局方案。在很多情况下，开始布局时，对村庄发展考虑不足，要解决发展过程中存在的上述问题十分困难。不少村庄在开始阶段组织比较合理，但在发展过程中，这种合理性又逐渐丧失，甚至出现混乱。概括起来，村庄发展过程中经常出现以下问题：

（1）生产用地和居住用地发展不平衡，使居住区条件恶化。

（2）各种用地功能不清、相互穿插，既不方便生产，也不便于生活。

（3）对发展用地预留不足或对发展用地的占用控制不力，妨碍村庄的进一步发展。

（4）绿化、街道和公共建筑分布不成系统，按原规划形成的村庄中心，在村庄发展后转移到了新的建成区的边缘，因而不得不重新组织新的村庄公共中心，这样必然会分散资金，影响村庄的正常发展。

这些问题产生的主要原因，是对村庄远期发展水平的预测重视不够，对客观发展趋势估计不足，或者是对促进村庄发展的社会经济条件等分析不充分、依据不足，因而出现评价和规划决策失误。

为了能够正确把握村庄发展方向，科学规划至关重要。村庄发展过程中出现一些难以预见的变化，甚至出现村庄性质改变，这就要求总体规划布局应该具有适应这种变化的能力，在考虑村庄的发展方式和布局形态时要进行认真的、深入细致的研究。

三、村庄的发展方式

村庄的发展方式，不仅受周围地形、资源、运输条件影响，同样受其他因素的制约，而且与村庄的发展速度有关。村庄的发展方式归纳起来，大体有以下几种形式：

（一）由分散向集中发展，连成一体

在几个邻近的居民点之间，如果劳动联系和生产联系比较紧密，一般会形成行政联合。在此基础上，可以通过规划手段加以引导和处理，使之连成一体，这样就可以组成一个完整的村庄。其发展方式可考虑以居民点中某一规模较大、基础设施较好的一个村为中心，组成新的村庄图。

（二）集中紧凑连片发展

连片发展是集中式布局的发展方式。集中式布局，是在自然条件允许、村庄企业生产符合环境保护的情况下，将村庄的各类主要用地，如生产、居住、公建、绿地等集中连片布置。这种布置方式的优点是用地紧凑，便于行政领导和管理，也便于集中设置较完善的公共福利设施，方便居民生活，并且可以节省基础设施的投资。

由于集中布局具有较多的优点，所以村庄应该尽可能采用集中布局形态。以现有的村庄为基础，逐步向一个或者几个方向连片发展，是实现集中布局的主要发展方式。

（三）成组成团分片发展

同集中式的布局相反，有一部分村庄呈现出分散的布局形态。

造成村庄分散的原因虽然很多，但主要是资源分布较分散，交通干线分隔，或者是自然地形条件所限。分散布局的形态，其较理想的形式是生产、生活配套，成组成团的布局。当然也有生产区集中、生活区分散或生活区集中、生产区分散的布局。一般来说，如果村庄的人口规模较小，分散布局会出现较多问题，例如彼此联系不方便，也不易集中一批公共建筑形成村庄公共中心，减弱了村庄的吸引力，且市政设施的投资也会高于其他的布局方式。所以，一般要避免采用这种发展方式。当必须采用分散式的布局形态而分片发展时，应该注意解决以下问题：①要使各组团的劳动场所和居民区成比例协调发展；②各组团要组建既相对独立又能供应居民基本生活需要的公共服务中心；③要解决好各组团之间的交通联系；④解决好村庄和规划的统一性问题，克服由于用地零散而引起的困难。

（四）集中与分散相结合的综合式发展

在大多数情况下，遵循综合式发展的途径比较合理。这是因为，在村庄用地面积扩大和各功能区发展壮大的初期，为了充分利用旧区原有的设施，尽快形成村庄面貌，规划布局时以连片方式为主。但发展到一定阶段，例如村庄企业发展方向有较大的改变、某些工业不宜布局或布置在旧区、或者受地形条件限制、发展备用地已经用尽等，在这些情况下则应着手进行开拓新区的准备工作，以适应村庄进一步发展的需求。最终形成以旧村或区为中心，由一个或若干个组团式居民点组成的村庄群图。

四、村庄用地布局形态

（一）影响村庄总体布局形态的主要因素

（1）生产力分布及其资源状况。包括周围村庄的性质、规模、乡（镇）域规划对村庄的要求及其在周围村庄体系布局中的地位和作用等。

（2）资源状况。如矿产、森林、农业、风景资源条件和分布特点。

（3）自然环境条件。如地形、地貌、地质、水文、气象等条件，它对村庄的布局形态具有重要影响。

（4）村庄现状。包括人口规模现状及其构成，用地范围、工业、经济及科学技术水平等。

（5）建设条件。如水源、能源、交通运输条件等。

在对以上资料进行分析基础之上，就可以着手进行村庄的总体规划布局。

（二）村庄用地布局形态

村庄的形成与发展，受政治、经济、文化、社会及自然等因素的制约，形成其自身的、内在的客观规律。村庄在其形成与发展过程中，由于其内部结构的不断变化，逐步导致其外部形态的差异，形成一定的结构形态。结构通过外部形态表现出来，形态则由结构而产生，结构和形态二者是相互联系、相互影响、不可分割的整体。通常所说的布局形态含有结构与布局的内容。研究村庄布局形态的目的就是依据村庄形成和发展的客观规律，找出村庄内部各组成部分之间的内在联系和外部关系，以构成村庄的良好空间环境，促进村庄合理发展。

1. 团块状布局形态

团块状村庄的特征主要表现在村庄中心和圈层式平面两个方面，一般有一个或者多个核心（通常是村落重要建筑或场所，如戏台、祠堂、商店、重要宅院、广场、池塘等），自核心向周边圈层式生长，整体平面一般呈现方形或椭圆形。我国多数农耕地区的村庄都是团块状，但规模相差悬殊。团块状村庄一般分布于地形比较平坦的地区。在这种布局形式中，生产用地与生活用地之间的相互关系比较好，商业和文化服务中心的位置较为适中。

2. 带状布局形态

这种村庄用地布局往往受到自然地形限制，或者是由于交通条件如沿河、沿公路的吸引而形成，它的矛盾主要是纵向交通组织以及用地功能的组织，所以，要加强纵向道路的布局，至少要有两条贯穿城区的纵向道路，并把过境交通引向村庄外围。在用地的发展方向上，应尽量防止再向纵向延伸，最好在横向方向上利用一些坡地做适当发展。用地组织方面，尽量按照生产—生活结合的原则，将纵向狭长用地分为若干段（片），并建立一定规模的公共中心。

3. 散点状布局形态

散点状村庄布局形态主要特征体现在聚居点的自由分布，村庄分散在一片广阔的区域内，各聚居点之间互不相连。散点式村庄形成的原因很多。如地形崎岖的山区和丘陵地区，在一个地段内，几十户各自居住在自己的一块耕地旁边，形成分散的居住形式。又如河汊众多的河网地区，交通不便，选择农业生产近便位置，形成散居村落。风俗习惯也是形成散居的重要因素，某些地区的居民，没有聚族而居的习俗，喜爱单独居住、互不干扰的生活。

组团状与散点状在平面形态上具有相似性，表现在聚居点非均衡的自由分布，但在聚居点规模上差别明显，前者聚居点规模较大，通常是一个村民小组、十几户或几十户人家。组团状村庄平面形态受地形影响较山区、水网密布的地区小，但比平原地区大，是团块状和三点状的中间形态。组团状村庄多分布在具有一定地形变化的丘陵地区或河道密度不高的水网地区。

以上是几种常见的村庄用地形态，事实上，村庄数量众多，千姿百态，很难进行简单而全面的概括，因此，规划中还应因地制宜，合理判断。

第三节　村庄总体布局规划

一、总体规划布局的基本原则

（一）综合协调

全面综合协调地安排村庄各类用地，规划布局时，应该对村庄中各类建设用地统筹考虑，安排好影响全局的生产建筑用地和包括居住、道路、广场、公共绿化在内的生活居住用地，处理好村庄建设用地与农业用地的关系。村庄各功能区之间，既要有方便的联系，又不互相妨碍。

（二）集中紧凑

一般情况下，大部分村庄规模有限，用地范围不大。对村庄来说，根本不存在城市集中布局的弊端。相反，这样的规模对完善公共服务设施、降低工程造价是有利的。因此，只要条件允许，村庄应该尽量以旧村为基础，由里向外集中连片发展。

（三）体现地方特色

对于河湖、丘陵、绿地等，均应有效地组织到村庄中来，为居民创造清洁、舒适、安宁的生活环境；对于地形地貌比较复杂的地区而言，应善于分析地形特点。只有这样，才能做出与周围环境协调、富有地方特色的布局方案。

（四）组织结构完整

村庄虽然比较小，但也必须保持用地规划组织结构的完整性，尤其要保持不同发展阶段的组织结构的完整性，以适应村庄发展的延续性。合理布局不仅指达到某一规划期限时是合理的、完整的，而应该在发展的过程中都是合理的、完整的，只有这样才能够保证规划期末目标的合理与完整。

（五）弹性发展

由于进行村庄规划所具备的条件不一定十分充分，而形势又迫使我们不得不进行这项工作，再加上规划期限的规定本身就是主观决定的，在这期限内，可变因素、未预料因素均在所难免。因此，必须在规划用地组织结构上赋予一定的弹性。所谓弹性，可以在两方面加以考虑：一是给予组织结构以开敞性，即用地组织形式不要封死，在布局形态上留有出路；二是在用地面积上留有余地。

（六）远期与近期相结合

各主要功能部分既要满足近期修建的要求，又要预计发展的可能性，做到远期与近期有一定联系，将近期建设纳入远期发展的轨道。

二、总体规划布局的思想方法

在考虑村庄总体规划布局时，除了要遵循上述的基本原则，在思想方法上还要处理好以下几个关系。

（一）局部与整体

村庄既是一个经济实体、又是物质实体，同时是人群聚集的场所。村庄中的生产、生活、政治、经济、工程技术、建筑艺术等诸方面都要有自己的要求。它们之间既相互联系、相互依存，又相互矛盾、相互排斥。因此，在总体规划布局时必须牢固树立全局观念，把村庄当做一个有机的整体对待。

（二）分解与综合

在进行村庄总体规划布局时，要保证村民有良好的生产、生活和休息的条件。从系统工程的角度看，如果将村庄看做一个大系统的话，那么，这个大系统就是由若干个子系统组成的。这些子系统包括功能结构系统、公共中心系统、干道系统、绿化系统、工程管线系统以及建筑群的空间系统等。以上各项都应该是完整的体系，并能满足各自的功能要求。

所谓分解，即在总体布局时，将各个子系统分离出来，使之形成满足其功能要求的相对独立的体系。但是，村庄又是一个综合体，各个子系统之间又是相互联系、相互制约的。例如，道路系统在总体布局中占有重要地位，而干道的走向、密度等又首先取决于工业和居住区的分布；村庄的空间构图同公共建筑的分布密不可分；工程管线的走向取决于道路网的形式。一个好的规划总图，不仅从整体上看是合理的，而且分解以后，组成村庄的各要素也应是自成体系的。

（三）联系与隔离

在进行总体规划布局时，要同时考虑一切相互关联的问题。所以处理好各要素之间的联系与隔离问题也是至关重要的。片面强调某一方面是错误的，会给村庄居民生产、生活或村庄景观带来不良后果。对某一具体问题的处理，要根据不同情况和条件区别对待。

一般的原则是，在考虑工业和居住区的相对位置时，对某些污染较重的工业，如化工、造纸等应强调隔离，而对其他一般的加工、食品、轻纺工业等，则不必过分强调建立独立的工业区。规划的铁路和过境公路尽可能从村庄边缘通过；对现有穿越村庄的过境公路，则应设法移至边缘，但也不能距村庄过远而影响与村庄间的联系，同时，必须从村庄的各功能区之间的绿化带中通过，以减少对各功能区内部活动的干扰。

（四）远期与近期

远期与近期是对立统一并相互依存的。合理的远景规划反映村庄发展规律的必然趋势，可以为近期建设指明方向。

目前，村庄建设中存在的主要倾向是忽视远期规划，或者是使远期规划流于形式，近期建设另搞一套，盲目行动，这就造成了许多破坏性的后果。例如不少项目，在刚刚建成后就成为改造的对象，给村庄建设造成被动局面。所以，必须重视远期规划的重要性及其对近期建设的指导作用。根据乡（镇）域经济的分析和乡（镇）域规划的要求，对村庄的发展作出战略部署，使村庄建设有一个明确的方向，力求近期建设合理，并使近期建设纳入远期规划的轨道。采取由近及远的建设步骤，既保护了村庄建设各个阶段的完整性，又同村庄总的用地布局相互协调。

（五）建设与改造

在我国当前经济实力尚不雄厚的情况下，村庄的总体布局规划必须结合现状，对现有旧村区加以合理利用，并为逐步改造创造条件。即在整个规划布局中，同村庄现状有机地组合在一起，充分利用原有的生活服务设施，以减少村庄建设的投资。

对旧村区的充分利用，可以支援新区的建设，而新区的建设又可以带动旧区的改造和发展。当然，强调利用，还要以发展的眼光对待旧村区的改造，否则，就不可能从总体布局的战略高度出发，作出好的布局方案。正确的方法应该是将旧村区的用地，及早纳入村庄总体规划统一考虑，全面安排，使合理的规划布局在旧区改造和新区建设的过程中体现出来。

三、总体布局中功能分区注意事项

村庄用地的功能分区过程，就是对村庄用地功能的组织，它是村庄规划总体布局的核心问题。村庄活动概括起来主要有工作、居住、交通、休息四个方面。为了满足村庄对上述各项活动的要求，就必须布置相应的不同功能的村庄用地。它们之间，有的有联系，有的有依赖，有的则干扰与矛盾共存。因此，必须按照各类用地的功能要求以及相互之间的关系加以组织，使之成为一个协调的有机整体。

村庄在建设过程中，由于受历史的、主观的、客观的多种原因的影响，造成用地布局的混乱，而且这种现象也比较普遍，其根本原因是没有按用地的功能进行合理的组织。因此，在村庄规划布局时，必须明确对用地功能组织的指导思想，以及遵从村庄用地功能分区的原则。

(1) 村庄用地功能组织必须以提高村庄的用地经济效益为目标。过去，有些村庄由于片面强调农业生产，强调村庄建设“一分农田也不能占”，迫使村庄建设用地成为“无米之炊”，因此在村庄建设时基本上不考虑功能的分区和合理组织，以致形成了村内拥挤混杂，村外分散零乱的村庄总体布局，大大降低了村庄的经济效益。另外，有些村庄存在着圈大院，搞大马路、大广场、低层低密度的现象，浪费了大量的村庄建设用地，同时也降低了村庄用地的经济效益。因此，在村庄总体规划用地布局时，必须同时防止以上两种现象，应该以满足合理的功能分区组织为前提，进行科学合理的用地布局。

(2) 有利于生产和方便生活。把功能接近的集中布置，功能矛盾的相间布置，使之搭配协调，这样便于组织生产协作，使货源、能源得到合理利用，节约能源，降低成本，并为安排好供电、给排水、通信、交通运输等基础设施创造条件，从而使各项用地合理组织、紧凑集中，以达到既节省用地、缩短道路和管线工程长度，又方便交通、减少建设资金的目的。

（3）村庄各项用地组成部分要力求完整，避免穿插。若将不同功能的用地混在一起，容易造成彼此干扰。所以布置村庄时可以合理利用各种有利的地形地貌、道路河网、河流绿地等，合理划分各区，使各部分面积适当，功能明确。

（4）村庄功能分区，应对旧村庄的布局采取合理调整，并逐步改造完善。

（5）村庄布局要十分注意环境保护，并满足卫生防疫、防火、安全等要求。要使居住、公建用地不受生产设施、饲养、工副业用地的废水污染，不受有害气体和烟尘侵袭，不受噪声的干扰，使水源不受污染。总之，要有利于环境保护。

（6）在村庄规划的功能分区中，要反对从形式出发，片面追求图面上的“平衡”。村庄是一个有机的综合体，生搬硬套、臆想的图案是不能解决问题的，必须结合各地村庄的具体情况，因地制宜地探求切合实际的用地布局及恰当的功能分区。

四、总体规划布局一般程序

第一，原始资料的调查。村庄大多数是在原来基础上建设的，村庄规划和建设不可能脱离原有的基础。充分分析村庄现状资料，从实际出发，合理地利用和改造原有村庄，解决村庄的各种矛盾，调整不合理的布局。

第二，确定村庄性质，计算人口规模，拟定布局、功能分区和总体构图的基本原则。

第三，在上述工作的基础上提出不同的总体布局方案。

第四，对每个布局方案的各个系统进行分析、研究和比较，包括：村庄形态和发展方向、土地整治、道路系统、工业用地、居住用地的选择，商业、行政、体育中心的选择，公园绿化系统、农业、生产用地的布局等，逐项分析比较。

第五，对各方案进行技术分析和比较。

第六，选择相对经济、合理的初步方案。

第七，根据总体规划的要求绘制图纸。

村庄总体布局程序见图 4－4。

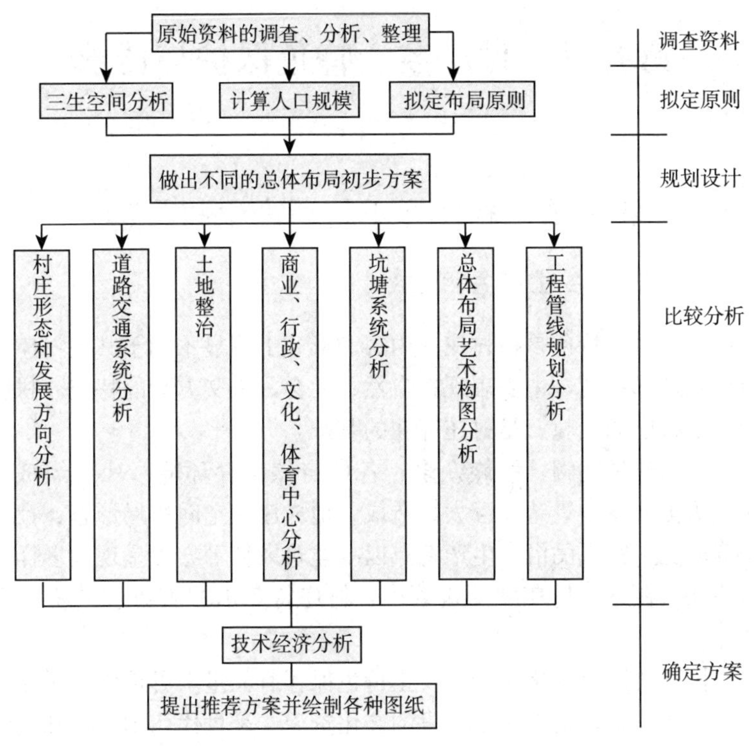

图 4－4　村庄总体布局程序框图

第五章　村庄乡土特色保护与传承

第一节　村庄乡土特色产生与鉴定

一、村庄乡土特色产生

村庄乡土特色是指村庄在内容和形式上明显不同于其他村庄的内在和外部特征，主要表现在自然、社会、人文方面的特征。村庄特色是村庄的灵魂，是村庄存在的基础。

我国幅员辽阔，民族众多，各地自然生存环境、社会经济条件、历史文化背景差异巨大，造成各地村庄在空间布局形态、社会经济职能、民风民俗、生产特点以及建筑风格等方面呈现出多样化的特征。在进行村庄整治规划中，村庄特色承载着更多的责任和义务。

村庄的历史文化遗产与乡土特色保存有大量不可再生的历史和乡土文化信息，是村庄中宝贵的文化资源，是世代认知与特殊记忆的符号，是全体村民的共同遗产和精神财富。对村庄历史文化遗产和乡土特色风貌的科学保护与合理利用，有助于村民了解历史、延续和弘扬优秀的文化传统，将对农村精神文明建设和社会发展起到积极作用。

二、村庄乡土特色的鉴定

村庄中的历史文化遗产和乡土特色保护往往同村庄特定的物质环境和人文环境密切关联，需要在整治规划中认真鉴别并做好保护。

在规划中应按照《城市紫线管理办法》来执行。

国家、省、市、县级文物保护单位类型包括：古文化遗址、古墓葬、古建筑、石窟寺、石刻、壁画、近代现代重要史迹和代表性建筑等。村庄中的其他文化遗产主要包括：古遗址、古代民居、祠堂、庙宇、商铺等建筑物，近代现代史迹和代表性建筑，古井、古桥、古道路、古塔、古碑刻、古墓葬、其他古迹等人工构筑物。

古树名木一般指在人类历史过程中保存下来的年代久远或具有重要科研、历史、文化价值的树木。

村庄的乡土特色主要指由村庄建筑、山水环境、树木植被等构成的具有农村特色、地域特色、民族特色的村庄整体风貌，以及与村庄中的风俗、节庆、纪念等活动密切关联的特定建筑、场所和地点等。

村庄整治中的文化遗产保护应首先通过调查和认定工作，科学、明确地确定保护对象。调查和认定工作由地方人民政府负责主管，由政府文物保护工作部门承担组织任务、开展具体工作、实施监督管理，并应充分吸收村民意见，鼓励村民主动参与村庄历史文化遗产与乡土特色的认定和保护工作，对不同性质、类型、特征的保护对象制定相应的保护管理措施。

对有历史文化遗产和乡土特色的村庄，村庄整治时应注意与不同性质、类型、特征保护对象的保护需求相衔接。涉及历史文化遗产的应与文物行政部门先沟通，应保证不影响遗存和风貌的真实、完整保护。涉及乡土特色的应保证风貌协调。

村庄乡村特色的鉴定要从村庄的自然景观、社会景观、人文历史景观等方面考虑。严格、科学保护历史文化遗产和乡土特色，延续与弘扬优秀的历史文化传统和农村特色、地域特色、民族特色。对于国家历史文化名村和各级文物保护单位，应按照相关法律法规规定进行鉴定和等级划分并划定保护范围，严格进行保护。

（一）自然景观方面

这里的自然景观是指基本维持自然的状态，人类活动干扰较少的景观。构成自然景观的要素包括：地形地貌、气候、土壤、水文、大气、生物等，是农村特色景观构成的基础，具有明显的地域特征，为农村人文景观的建立和发展提供了丰富的土壤，体现了不同地域范围的自然肌理特征；是天然的、有自然成因构成的景观类型。自然景观是人类文明的源泉。中国地形丰富，具有不同的自然基底，如：东北长白山的林海，江南婉约的水乡，华北广袤的平原等，不同的地形地貌构成了不同地域的特色。

（二）社会景观方面

1. 聚落景观

聚落景观包括村落布局、民居建筑风格、交通工具、风俗习惯、语言、服饰、宗教信仰、生活方式、农具等要素，是最直观的能让人看到的物质景观，其村落布局和价值形式的变化、色彩的运用都是一种无声的语言，在向人们诉说着她的背景和历史，承载着当地人们生活的历史和生产生活方式的变迁。不同的地域具有不同的风俗习惯、不同的民族有不同的服饰，这些都构成了不同地域的特色人文景观。

2. 生产性景观

生产性景观是指以农业为主的包括农、林、牧、副、渔等生产性活动的景观类型，是农村景观区别于城市景观和其他景观类型的关键。生产性景观的形成离不开人的活动，与人的行为和活动息息相关。由于地形地貌的不同形成了各地各具特色的生产性景观，如：福建的梯田、海边的渔村、内蒙古的草原牧场。可以看出生产性景观的形式是以自然景观为基础的，是人类在大地上劳作留下的烙印，是因地制宜改造的结果。而人类活动改造后的景观最终还是要受到当地自然环境的限制从而具有了地方特色。

（三）人文历史方面

按照现行法律、法规、标准的规定划定保护范围，严格进行保护的国家、省、市、县级文物保护单位；国家历史文化名村；树龄在 100 年以上的古树以及在历史上或社会上有重大影响的中外历史名人、领袖人物所植或者具有极其重要的历史、文化价值、纪念意义的名木。

其他具有历史文化价值的古遗址、建（构）筑物、村庄格局和具有农村特色、地域特色以及民族特色的建筑风貌、场所空间和自然景观等。

第二节　村庄乡土特色保护与传承

一、村庄乡土特色保护

（一）保护历史文化遗产，体现民族特色

村庄整治并不是大拆大建，推倒重来，而是在不破坏当地民族特色和传统文化的基础上进行改造和完善。村庄整治规划要根据不同情况因地制宜，科学引导，突出特色。要做到不推山、不砍树、不填塘，主要保护古树名木和名人故居、古建筑、古村落等历史文化遗址。因为这些都是不可再生的文化遗产，是提高村庄文化内涵的重要资源。因此，村庄在整治前必须做好整治规划，要体现地方特点，并制定传统文化保护规划，在实施过程中要制定保护措施，避免传统文化遗产受到人为破坏。除了普遍的基础设施建设外，民族村寨还要着力于民居的保护和修缮，使村庄的民族特色得以保存。

村庄历史文化遗产与乡土特色的保护，要针对不同的保护目标采取相应的、不同力度的保护措施。历史遗存类的保护措施，重点在于尽可能使遗存得到真实、完整地保存。建（构）筑物特色风貌的保护措施，重点在于外观特征保护和内部设施改善；特色场所的保护措施，重点在于空间和环境的保护、改善；自然景观特色的保护措施，重点在于自然形态面貌和生态功能的保护。

保护历史文化遗产与乡土特色，必须注意环境风貌的整体和谐。村庄中历史文化遗产周边的建筑物，在需要实施修饰或改造时，可在建筑体量、外形、屋顶样式、门窗样式、外墙材料、基本色彩等方面保持与村庄传统、特色风貌的和谐；历史文化遗产周边的绿化配置宜选用本地植被品种，绿化的设计宜采用自然化的手法，花坛、路灯、公共休息坐凳、地面铺装等景观设施在外形设计上应尽可能简洁、小型、淡化形象，材料选择要同时具备可识别性

和环境和谐性。

（二）保护自然环境，提高村庄的个性魅力和吸引力

在进行村庄整治的过程中，要认真做好建设项目对环境的影响评价，对民族村寨进行精心策划、维护和建设，解决好能源问题，强化村寨的环境基础设施建设，强化村民的环境保护意识和法制观念，加强对游客的环境保护宣传教育。在发展乡村旅游过程中，自然环境保护的重点是村寨的生态环境，包括森林、植被、山川、水体、田园风光以及村寨的总体布局，建筑特色和民族文化，民间艺术、民间工艺、民俗活动。加强村寨的环境保护基础设施建设和生态建设，改善村寨的环境卫生条件，建立和执行包括大气环境、水环境、生态环境、声环境和村寨环境在内的一系列控制性目标体系和具体措施。保护的目的是为游客提供高质量的、优美而舒适的环境，将这些村寨群落建成优美、特色鲜明、经济效益和社会效益显著的旅游目的地。

许多村庄历史悠久，文化积淀丰富。这些历史文化积淀，包括地上地下文物古迹、历史街区、古树名木、传统文物、传统工艺等。保存和继承这些文化遗产，可以保留村庄的历史文化底蕴和氛围，丰富和发展村庄的内涵，提高村庄的档次。

二、村庄乡土特色传承

（一）因地制宜，继承传统，体现地域特色

农村的地形地貌、河流湖泊、绿地植被、山体坡度，以及有特色的民居庭院等要素都是宝贵的景观资源，尊重并强化原本的景观特征，使新建景观与当地环境和谐共处，更有助于农村景观个性与特色的创造。利用好自然条件，一方面可以保持本土特色，另一方面可以节约成本。环境景观设计并不意味着材料越贵越好，就地取材同样能够创造出有特色的环境景观。在农村乡土特色景观规划设计中，应正确处理好建筑风格的地域性。在农村建设中，农村建筑布局的乡土性与建筑风格统一的有机结合，可以使农村建筑方式在地域内由独特性发展到普遍性。如徽派民居的建筑形式一致，布局

独特，即建筑风格与布局在地域内的普遍性，使建筑群协调统一，和其他地域建筑风格的不同就突出了当地特色。

体现地域性要素还有乡土植物的应用。广义的乡土植物可理解为：经过长期的自然选择和物种演化后，留存下来的适宜于当地气候和土壤的自然植物区系的总称。乡土植物是通过自然界千百年的选择保留下来的，对当地的环境气候有很强的适应性，抗性强，生长旺盛，生机勃勃的植物状态能充分体现当地的环境特色。当前的城市建设当中每个城市几乎都有自己的市花和市树，就是为了要使城市建设具有乡土特色，所以在营造农村环境景观时应大量使用当地植物，这样既可以节省投资，又能具有自己的乡土特色。

在实际工作中，应注意三点：①因地制宜编制规划。在编制规划时，整体布局与自然环境及村内道路要结合自然，顺应自然，尊重自然。在布局时，要尽量利用当地的地形、地貌、景物、山、塘、河渠等自然景观，形成“山中有村、庄内有水、水绕村行”的格局。②从实际出发进行建设，建设项目布局、选址定点，要力求做到亮山亮水，对于河边要退出足够的空间并进行绿化、美化。③大力保护村庄的自然景观，保护好村庄附近山体的植被，不砍树，不填塘，不劈山。

（二）物质文化景观

我国有56个民族，每个民族都有自己的传统服饰，这是每个民族在历史的长河中逐渐形成的具有本民族特色和文化内涵的服饰文化，服饰的颜色、图案都代表了不同的含义。在当前城市化的进程中，民族服饰越来越受到人们的青睐。由于所处区域的自然和地理条件不同，人们也发展了各自不同的饮食文化，例如：四川的辣椒、山东的煎饼、天津的麻花等。如今随着旅游业的发展，农家饭，越来越受到人们的青睐，农家饭的推广继承了传统的饮食文化，发展了农村经济。一个人到了一个地方，听他们的方言，会有一种新奇感，出门在外遇到讲家乡话的老乡，会有亲切感。这些多样的文化景观，造就了我国多样的农村风貌。农民们坐在村庄的街道上聊天、下棋，妇女到河里洗衣服等这种由生活方式表现出来的文化景观，构成农村生动的生活场景，也是农村乡土特色的重要组成要素。

（三）非物质文化景观

民风民俗在农村中存在方式可以用抽象和具体的两种方式来概括。抽象是指该地区公众共有的集体价值观念和心理意识，具体表现在建筑形式、环境创造、社会交往、喜丧活动及行为标准等方面。民风民俗共同构成地方人文生活景观，并对环境产生深远的影响，直接影响着人们对该地区的记忆和印象，为地方风俗的体现提供了物质基础。通过各种设计手法对地方风俗加以宣扬，对传统文化、民风民俗加以扬弃，取其精华，去其糟粕，给人一种特色鲜明、文明久远的形象。

民风民俗反映出特定地域农村居民的生活习惯、风土人情，是农村民俗文化长期积淀的结果。乡村传统节日，各地民间工艺品，因其浓郁的乡土特色而深受游客青睐。在农村乡土特色创建规划中，必须要延续当地文化，把当地的特色文化进行深层次的挖掘，提炼其中的要素和文脉，将其转化为现代新农村景观规划设计的源泉。创新不是一味地搬来与当地文化不相容的全新文化，而是要在继承传统的基础上有所创新，才能使村庄景观具有吸引力，才能创造出符合当地乡土特色的更具生命力的非物质文化。

第六章　村庄土地整治

第一节　土地整治类型

一、土地整治类型划分原则

（一）综合性原则

随着经济社会发展，土地整治从原来仅仅进行零散地块的合并到农业基础设施的完善，再到综合进行农村道路、水利、居民点建设，最后发展到耕作区与生态环境保护及自然景观塑造，土地整治的内涵在不断扩大。因此，土地整治的划分必须从全面分析土地整治要素入手，明晰各要素在土地整治中的功效，着重考虑各组成要素共同作用下的土地整治特征。

（二）层次性原则

土地整治体系内各类型之间形成各种相互关系，构成系统的结构，形成不同的层次，类型结构的层次性决定其划分体系的层次性。

（三）主导性原则

在对土地整治各构成要素进行综合分析的前提下，必须考虑特定条件下某要素所起的决定性作用。不同类型土地整治内涵不同，起主导作用的因素也往往不同。

（四）实用性原则

土地整治类型划分具有鲜明的实践性，即为土地整治项目立项、规划设计、工程实施、管理服务。在进行土地整治类型划分时，在凸显土地整治类型的主体特征的前提下，分类指标的确定尽量考虑实用性目标。

二、土地整治类型划分体系

（一）按照土地整治后主导用途划分

根据土地整治后的主导用途，可将土地整治分为农用地整治和建设用地整治。

1. 农用地整治

农用地整治是指对农用地利用状况和权属状况进行调整改造、综合整治以及对宜农未利用地进行开发，增加耕地面积，提高土地利用率和产出率，扩大综合生产能力，使土地关系适应土地生产力提高的要求，提高农业生产的现代化水平，实现土地资源景观功能。

根据整治后的主导用途，农用地整治又可分为：耕地整治，指的是对农田进行整治。耕地整治的主要内容包括：土地平整工程、农田水利工程、田间道路工程、其他工程（农田防护工程和生态环境保护工程等）；园地整治，主要指果园、桑园、橡胶园和其他经济园林地整治；林地整治，包括防护林、用材林、经济林、薪炭林、特种林地的整治；牧草地整治，包括放牧地整治和割草地整治；养殖水面用地整治，主要指人工水产养殖用地整治。

2. 建设用地整治

建设用地整治是指为提高建设用地利用效率，优化建设用地利用结构及布局，美化生态环境，采用工程技术、土地产权调整等措施，对城镇低效利用的土地进行必要的改造和对宜建未利用地进行开发的活动。

建设用地整治包括：村镇用地整治，包括村镇撤并、拆迁和就地改造扩建；城镇用地整治，主要指城镇建成区内的存量土地的挖潜利用、旧城改造、用途整治和零星闲散地的利用；独立工矿用地的整治，主要指就地采矿、现场作业的工矿企业及其相配套的小型居住区用地布局调整、用地范围的确定和发展用地选择，一般不包括大规模废弃地的开垦；基础设施用地整治，包括公路、铁路、河道、电网、农村道路、排管渠道的改线、裁弯取直、厂站的配置、坝堤的调整，也包括少量废弃的路基、沟渠等的恢复利用。

（二）按照土地整治对象划分

按土地整治对象，土地整治具体可分为农用地整治、农村建设用地整治、城镇工矿用地整治、未利用地开发和损毁土地的复垦。此外，还有以整治区域为单元的综合整治。

1. 农用地整治

农用地整治主要是指在以农用地为主的区域，通过实施土地平整、灌溉与排水、田间道路、农田防护与生态环境保护等工程，增加有效农用地面积，提高农用地质量，改善农业生产条件和生态环境，从而实现农用地利用由低效率向高效率、由粗放型向集约型转变的活动。

2. 农村建设用地整治

农村建设用地整治是指在一定的社会经济条件下，利用工程技术手段，针对农村建设用地零散、无序、废弃、闲置和低效利用的状态，对其空间结构和布局实施整治、改造等土地工程，并配合公共基础实施改造、完善，以达到优化土地利用结构，提高节约集约用地水平的活动。

3. 城镇工矿建设用地整治

城镇工矿建设用地整治是指对旧城镇、城中村以及旧工矿等进行改造，完善配套设施，拓展城镇发展空间，提升土地价值，改善人居环境，提高节约集约用地水平的活动。

4. 未利用地开发

未利用地开发是指对未利用的后备土地资源采取各种适宜的工程和生物等措施，使其投入经营和利用的活动。未利用地开发不仅可为农业、林业和牧业等生产增加用地面积，也可为城市和工业建设增加用地来源。未利用地开发是在土地适宜性评价基础上，决定其合理用途，制定不同的治理和保护措施。

5. 损毁土地复垦

损毁土地复垦是指对生产建设活动和自然灾害损毁的土地，采取整治措施，使其达到可供利用状态的活动。例如，在生产建设过程中，因挖损、塌陷、压占等原因造成的土地破坏，采取整治措施，使其恢复到可供利用状态的活动。

除了以上五种基本类型，还有以村、镇为基本整治区域，按照城乡一体化发展的新要求，全域规划，全域设计，实行综合整治。其目标更加多元化，呈现出区域综合性、多功能性、多效益性的特点。

三、土地整治的主要类别

无论从土地整治后主导用途划分的类型，还是从土地整治对象划分的类型，均需要通过土地开发、土地整理和土地复垦等途径来实现。

（一）土地开发

土地开发是指对未利用土地（包括荒山、荒地、荒滩等）通过工程或生物措施，使其改造成为可利用土地的行为。按开发后土地用途来划分，土地开发可分为农用地开发和建设用地开发两种形式。其中，农用地开发包括耕地、林地、草地、养殖水面等的开发；建设用地开发指各类建筑物、构筑物用地的开发。按开发的程度划分，可以分为初级开发和全程开发。土地开发工作必须在土地利用规划的指导下进行。土地开发是人类土地利用活动的启动阶段，通过开发，把未利用的土地投入利用过程，扩大人类利用土地的范围。

（二）土地整理

土地整理系指合理组织土地利用的调整与治理。通过改善土地利用环境条件和生态景观建设，消除土地利用中对社会经济发展起制约或限制作用的因素，促进土地利用的有序和集约化。在土地整理过程中还会涉及地权界线调整问题。

土地整理的范畴广泛，从地域表现形态角度可分为农地整理和市地整理。农地整理是我国当前和今后相当长一段时期土地整理的主要内容。其特点在于以增加有效耕地面积和提高耕地质量为中心，通过对田、水、路、林、村实施综合整治开发，改善农业生产和土地利用条件、居住环境和生态环境。农地整理包括农田整治、农地改造、地块调整、土地结构调整、宜农荒地的开发、农村建设用地整治。市地整理是对城镇而言的，土地整理主要立足于内部挖潜，集约利用土地，充分利用建成区内的闲散地，并对已被利用的土地结合产业结构调整和提高城市功能的需要，在用途、布局与产出率方面重新优化配置，从而全面提高城市载体功能，改善城市环境。交通、工矿用地整理是建设用地整理的重要方面。

（三）土地复垦

土地复垦指对人为和自然灾害损毁的土地，采取整治措施，使其达到可利用状态的活动。土地复垦分为五种类型：①各类工矿企业在生产建设过程中压占、挖损、塌陷等造成破坏土地的复垦；②水利建设、农村砖瓦窑取土造成的废弃塘、坑、洼地等废弃土地的复垦；③因建筑物废弃、道路改线、垃圾压占以及村庄搬迁等遗弃荒废土地的复垦；④地质灾害、水灾及其他自然灾害引起的灾后土地复垦；⑤各种工业污染引起的污染土地的复垦。

（四）土地开发、土地复垦、土地整理之间的区别和联系

从现阶段土地整理、土地开发与土地复垦的含义看，三者为并列关系。

土地整理、土地开发与土地复垦三者针对的对象不同。土地整理是针对已利用土地的不合理利用现象进行调整、重新布置，使田、水、路、林、村的布局和利用结构更加合理，从而挖掘土地利用的潜力，提高土地利用率；土地开发是对未利用的耕地后备资源“四荒”地采取措施，使其可以利用；土地复垦是对已经利用的土地由于工矿业生产和自然灾害造成破坏或损坏的土地采取措施，使其重新得以利用。

从三者对生态环境的扰动程度来看：土地开发是破坏旧的生态系统，建立一个新的生态系统，其对生态环境的扰动最大；土地复垦工程中周围的宏观环境已经形成，只需要对破坏的生态环境进行重新布置，因此，对生态环境的扰动较土地开发小；土地整理对生

态环境的扰动最小，因为它是根据周围的环境对土地整理区内的土地利用结构进行调整。

从三者追求的结果来看，三者的目的相同，均为增加耕地面积，提高土地利用率和土地质量，促进耕地总量的动态平衡，并达到社会、经济、生态效益的统一。

第二节 农用地的开发、整理

一、土地平整

土地平整工程的基本单元是标准田块，即由田间灌排渠系、道路、林带等固定工程设施所围成的地块，是进行田间耕作、管理与建设的最基本单位。土地平整工程规划设计首先应确定耕作田块的布置形式，然后依据土地利用要求，并结合项目区的实际地形，采取填挖措施，平整田块，保持田块内高差在一定控制范围内，以满足耕作需要与灌排水要求。田块是进行灌排、耕作、管理的基本单位。田块规划设计得合理与否不但直接影响到灌排的合理组织、农机具的有效使用和经营管理的科学安排，而且影响到有效耕地生产和农田生态防护等功效。因此，田块设计是农地整治中的一项重要内容。

（一）耕作田块修筑工程

1. 条田

旱作物灌区末级固定渠道（农渠）和末级固定沟道（农沟）之间的矩形田块叫做条田，它是进行机械耕作、田间灌溉渠系布置和组织田间灌水的基本单元。条田的尺寸应综合考虑排水、机耕、田间管理和灌水要求，宽度一般为100～200米，长度以400～800米为宜。

2. 梯田

水平梯田的设计主要是确定田面宽度、田坎高度和田坎侧坡的规格。这三方面是相互联系的，梯田修多宽，田坎打多高，需根据原地面坡度、土壤情况而定，并应考虑省工和适应机耕的要求。

3. 其他田块

田块规划设计包含以下四个方面的要素：田块方向（田块长边方向），田块的边长（长宽度）和形状，田块设计与地形的关系，田块设计与居民点、沟渠、道路和林带的关系。

（二）耕作层地力保持工程

1. 客土回填

客土回填指当项目区内土层厚度和耕作土壤质量不能满足作物生长、农田灌溉排水和耕作需要时，从区外运土填筑到回填部位的土方搬移活动。

田块平整后若底层为沙漏地或沙砾石含量较高，为了防止漏水跑肥，采取客黏土建立保水层的办法，客土土源要舍远求近，尽量接近项目区，减少运输距离，节约运输费用，要选择没有污染物和大的砾石作隔离材料，上部填入质地较好的土壤，一般客土厚度在15～20 厘米，灌水沉降建立保水层。

2. 表土保护

表土保护指在田地平整之前，对原有可利用的表层土进行剥离收集，待田面平整后再将剥离表土还原铺平的一种措施。

首先把要剥离区域内的水排干，再按照设计剥离图纸和表土剥离厚度，进行表土剥离。不管是挖方田块还是填方田块都要进行表土剥离留用处理。表土剥离厚度应视耕作层厚度而定，一般表土剥离厚度 15 厘米以上。剥离表土应集中堆放，防止雨季施工表土流失。其次把剥离堆放的表土摊铺到田块上，而且铺设表土要均匀，避免有的地方厚，有的地方薄，造成耕作层厚薄不一致、田块肥力不均匀现象。铺完后，田面高程与设计高程误差不应超过±3 厘米。

二、灌溉与排水

（一）水源工程

灌溉取水方式随水源类型、水位和水量的状况而定。地下水资源丰富的地区，可以打井灌溉、利用地面径流灌溉。

1. 地下水水源工程

（1）机电井工程　机电井即管井，是开采利用地下水中应用最广泛的取水建筑物。由于水井结构主要是由一系列井管组成，故称为管井。机电井从地面打井到地下含水层以抽取地下水，直径一般200～500毫米，深度可由几十米到百米以上，井壁管和滤水管多采用钢管、铸铁管、石棉水泥管、混凝土管。

（2）大口井工程。大口井是一种大口径的取水建筑物，因其口径较大而得名。由于其形似圆筒，又常称为筒井。大口井以取浅层地下水为主，水量大，解决了灌溉季节农业生产用水的困难。大口井按建筑材料分类有砖、石、混凝土、多孔混凝土、钢筋混凝土、钢筋混凝土与多孔混凝土相结合等井型。从结构来说，大口井由井台（井室）、井筒和进水部分三部分组成。

2. 地表水水源工程

（1）无坝引水。灌区附近河流水位、流量均能满足自流灌溉要求时，即可选择适宜的位置作为取水口，修建进水闸，引水自流灌溉形成无坝引水。无坝引水渠首一般由进水闸、冲沙闸和导流堤三部分组成。进水闸控制入渠流量，冲沙闸冲走淤积在进水闸前的泥沙，而导流堤一般修建在中小河流中，平时发挥导流引水和防沙的作用，枯水期可以截断河流，保证引水。渠首工程各部分的位置应相互协调，以有利于防沙取水为原则。

（2）有坝（低坝）引水。河流水源虽较丰富，但水位较低时，可在河道上修建壅水建筑物（坝或闸），抬高水位，自流引水灌溉，形成有坝引水。有坝引水枢纽主要由拦河坝（闸）、进水闸、冲沙闸及防洪堤等建筑物组成。

（3）抽水取水。河流水量比较丰富，但灌区位置较高，修建其他自流引水工程困难、不经济或者采取地下水灌溉时，可就近采取抽水取水方式。

（4）水库取水。河流的流量、水位均不能满足灌溉要求时，必须在河流的适当地点修建水库进行径流调节，以解决来水和用水之间的矛盾，并综合利用河流水源。这是河流水源较常见的一种取水方式。采取水库取水能充分利用河流水资源，但必须修建大坝、泄水（溢洪道）和放水（放水洞）等建筑物。

（二）输水工程

1. 灌溉渠道（明渠）

灌溉渠道按其使用寿命分为固定渠道和临时渠道两种。按控制面积大小和水量分配层次可以把灌溉渠道分为若干等级，一般为干、支、斗、农四级固定渠道。

2. 低压管道输水灌溉系统

低压管道输水灌溉系统是指以管道代替明渠将低压水流输配到田间灌水沟、畦的灌溉系统。与传统的渠道灌溉系统比较，管灌系统具有占用耕地少（7%～13%）、降低输水损失、满足多种灌水方法的优点。管道灌溉系统是从水源取水，经过处理后用有压或无压管网输送到田间进行灌溉的全部工程，一般由首部枢纽、输配水管网、田间灌水系统等部分组成。

3. 微灌

微灌是按照作物需求，通过管道系统与安装在末级管道上的灌水器，将水和作物生长所需的养分以较小的流量，均匀、准确地直接输送到作物根部附近土壤的一种灌水方法。与传统的全面积湿润的地面灌和喷灌相比，微灌只以较小的流量湿润作物根区附近的部分土壤，因此，又称为局部灌溉技术。

（三）排水工程

田间的排水系统主要用于防涝、防渍以及防止土壤的盐碱化等方面，为农田的耕作创造出有利的条件。因为地形、灌溉、河湖渗漏以及土质等多方面的原因，需要对土地整治项目区的渍涝进行排水工作。排水工作可以分为排地表水、排地下水和排盐碱水等。排水的工程中可以根据不同的地形状况设计不同的排水设施，如沟渠、泵站以及水闸等相互交叉的排水建筑。

1. 明沟

明沟排水是在地面上开挖沟道进行排水，它具有适宜性强、排水量大、降低地下水位效果好、开挖容易、施工方便、造价低廉等优点，是一种历史悠久、应用广泛的排水方式。明沟排水在我国被广泛应用。由于各地的自然条件不同，因而北方和南方、旱作区和水稻区的田间排水网的组成和布置各不相同，应根据地形和土壤条件、排水要求以及灌溉区的布置等因素因地制宜地进行布置。

2. 暗管

暗管排水是在地面下适当的深度埋设管道或修建暗沟进行排水。暗管排水为地下排水工程，由吸水管、集水管（输水明沟）、集水井和出水口、提水站组成，主要有暗管式和暗洞式。目前采用的暗管材料有陶土管、混凝土管、塑料管、灰土管、三合土管、水泥土管等。暗洞式主要有暗沟和鼠道两种形式，暗沟一般在地面以下0.7～1.0米，断面有矩形、马蹄形；鼠道是用引鼠道犁在地面以下0.4～0.7米处打孔洞，断面为圆形和椭圆形。

（四）渠系建筑物工程

顾名思义就是过水建筑物，主要修建在沟渠首部、渠和路、排水沟等交叉位置，为灌溉输水、合理分水、田间排水提供重要保障。渠系建筑物大多为一些小型水利工程，比如：修建调节水流、控制流量的节水闸；在沟渠与河流交叉处，修建类似涵洞、渡槽等的交叉建筑物；为了方便群众生产生活，在沟渠与河流处修建小桥等便民建筑物；在渠道突变位置修建陡坡，或为了通过山冈等地形而修建的输水渠道；还有量水槽等测量水量的设施。以上种种建筑物，无需特别设计，技术含量要求不是很高，应因地制宜，合理规划，适用于小型农业生产。

（五）输配电工程

主要包括合理布设变电站，确定主变容量和电压等级，确定馈线分布、负荷分配以及保护方式等。输、配电和低压线路布设要与排灌、道路等工程相结合，按机井布局选定电线走向及路径。规划中，要进行输、配电线输送容量、供电半径和导线截面积计算，其标准要满足电力系统安装与运行规程，保证电能质量和安全运行。井灌变压器要设在负荷中心及接近负荷处，供电半径要满足电压降规定值要求。当一台变压器负担多井时，变压器容量要适应送电综合距离的要求，保证电压降限值。

三、道路

田间道路是一项与农村土地整治不可分割的农田基本建设项目，是居民点、生产中心与农田之间联系的主要纽带。为了顺利地进行田间作业，合理地组织生产，必须规划田间道路。道路是一项固定的、服务年限较长的基础设施。在设计时，既要考虑当前人、畜力运行的要求，还要满足农业机械化和组织灌排的要求。

（一）道路类型

根据道路的用途和运输量，田间道路分为以下三种：

1. 主要田间道路

它是供拖拉机从拖拉机站或居民点内机组停留地点向工作地点转移之用，是田间的主干道路，它服务于一个或数个轮作区（或作物种植区）。如有可能尽量结合区内主干道路，与其平行布置，以保证主干道路的路面不被履带拖拉机碾坏。主要田间道路的规划对于拖拉机组的空行行程长短有着直接的影响。在不影响农机具正常运转的前提下，力求使田间主干道路最短。

2. 田间道路（横向道路）

田间道路亦可称为下地拖拉机道，供拖拉机组直接下地作业之用。田间道路主要沿田块短边布置。在旱作地区，田间道路可沿着作业区中间配置，使拖拉机组两边皆可进入工作小区以减少空行。灌溉地区田间道路的配置应考虑到灌溉渠系的布置，田间道路的宽度一般为5～6米。

3. 田间小道（纵向道路）

一般沿田块长边布置，其主要作用是为下地生产、田间管理以及田间运输（产量、肥料等）服务，在田块横向作业时亦可作为转弯地带。一般田间小道的宽度为3～4米。田间道路网占地面积一般应控制在土地总面积的1.5％～2％。

（二）道路结构

农村道路一般由行车路基、路面、路肩和路沟组成。行车路面是指铺筑在道路路基上供车辆行驶的结构层，具有承受车辆重量、抵抗车辆磨损和保持道路表面平整的功能。路肩是道路两边设有铺筑路面的部分，用做路面的侧向支撑和行车停歇的地带。路沟为道路两边的排水沟。

1. 路基结构

路基是在原地面上挖或填成的一定规格的横断面，通常把堆填的路基称路堤，把挖成的路基称路堑。路基宽度为行车道与路肩宽度之和。土地开发整治项目区干道的路面宽一般为6～8米，路基宽一般为10～12米；支道的路面宽一般为3～6米，路基宽为5～8米；田间道的路面宽为3～4米，路基宽为4～5米；生产路的路面宽为1～2米，路基宽为1.5～3米。路基的高度应使路肩边缘高出路面两侧地面积水高度，同时要考虑地下水、毛细管水和冰冻作用，不致影响路基的强度和稳定性。路基设计标高一般为路基边缘高度。路基的边坡取决于土石方经过填挖后能达到自然稳定状态的坡度，路堤的边坡坡度一般采用1∶1.5，受水浸淹的路堤的边坡应放缓为1∶2，路基横向坡度一般比路面横向坡度大1%或者2%，最大不超过5%。为使路基有足够的强度和稳定性，必须进行压实处理，压实度随路面等级及路基填挖类别而异。

2. 路面结构

铺筑在路基顶面的路面结构是用各种材料分层铺筑而成，按所处层位和作用不同，路面结构层主要由面层、基层、垫层等组成。

面层。面层是直接承受自然条件影响和行车作用的层次。通常以面层的材料定路面名称和划分路面等级。面层可根据需要分成二层或三层，修筑面层的材料主要有水泥混凝土、沥青与矿料组成的混合料、沙砾或碎石掺土的混合料、块石及混凝土预制块等。

基层。基层位于面层之下，承受来自面层的承重，以减小面层的厚度，并加强路面的整体性，防止路面滑动、位移和开裂。修筑基层的主要材料有：碎石、天然沙砾、石灰和水泥或沥青处置的土料、用石灰和水泥或沥青处置的碎石、各种工业废渣及其与土、砂、石组成的混合料以及水泥混凝土等。

垫层。垫层设置在基层与土基之间的层次，起着排水及防冻胀的作用，同时可以加强土基层的承受能力。修筑垫层的材料常用的有两种类型：一是由松散颗粒材料组成，如砂、砾石、炉渣、片石、锥形块石等修成的透水性垫层；另一种是由整体性材料组成，如石灰土、炉渣石灰土类修筑的稳定性垫层。

3. 路肩、边坡与边沟

路肩的作用主要是保护路面结构的稳定、供发生故障的车辆临时停车、进行养护操作等，对于土地整治项目的道路系统，在满足路肩功能最低要求的前提下，尽量采取较窄的路肩。对于田间道和生产路，一般采用土路肩，宽度控制在0.5～1.0米。

四、生态防护

（一）农田防护林工程

农田防护林工程规划设计是农地整治设计的一项重要内容，主要包括林带结构、林带方向、林带间距、林带宽度等多方面内容。它应同田块、灌排渠道和道路等项设计同时进行，采取植树与兴修农田水利、平整土地、修筑田间道路相结合的做法，做到沟成、渠成、路成、植树成。

农田防护林工程在规划设计时应考虑：防护林防风的大小与方向；林种选择可与当地的生产与生活相结合；防护林不能妨碍交通，一般田间道2～4米，其两旁可以种植灌木，生产路较窄，一般不栽或只在路一旁栽种灌木；防护林应不妨碍作物生长，即防护林不能与田间作物争光、争水、争肥，更不能争地；防护林要与大江、大河与大湖的堤防工程相结合；防护林要与水土保持工程相统一。

（二）岸坡防护工程

河流横向侵蚀，不但冲刷蚕食滩地，而且造成河岸崩塌，危及堤防和城镇村庄的安全。为了防止河流横向侵蚀，防止河岸崩塌，通常采用护岸工程防治措施。护岸工程有覆盖式平顺护岸工程和丁坝护岸工程。

1. 覆盖式平顺护岸工程

是用抗冲材料直接覆盖在河岸上，以抗御水流冲刷侵蚀。其特点是：对水流没有大的干扰，弯道段的水流与护岸前基本上没有变化；凹岸深槽要比自然状态下为深；工程紧贴河岸，不侵占原河道面积。因此，适用于山区河床较窄的护岸工程。

2. 丁坝护岸工程

可调整河（沟）宽，迎托水流；改变山洪流向，防止横向侵蚀；缓和山洪流势，使泥沙沉积，并能将水挑向对岸，起护坡固岸和整治河道的作用。

（三）沟道治理工程

沟道治理工程是指固定沟床，拦蓄泥沙，防止或减轻山洪及泥石流灾害而在山区沟道中修筑的各种工程措施。沟头防护、谷坊、拦沙坝、淤地坝等工程都属于沟道治理工程。沟床固定工程的主要作用在于防止沟道底部下切，固定并抬高侵蚀基准面，减缓沟道纵坡，降低山洪流速。沟床的固定对于沟坡及山坡的稳定具有重要意义。沟床固定工程还包括防冲槛、沟床铺砌、种草、沟底防冲林带等措施。

1. 沟头防护

是整治的起点，其主要目的是防止坡面径流进入沟道而产生的沟头前进、沟底下切和沟岸扩张，此外，还可起到拦截坡面径流、泥沙的作用。根据沟头防护工程的作用，可将其分为蓄水式沟头防护工程和排水式沟头防护工程两类。

2. 谷坊

是山区沟道内为防止沟床冲刷及泥沙灾害而修筑的横向挡拦建筑物，又名防冲坝、沙土坝、闸山沟等，谷坊高度一般小于 3 米，是水土流失地区沟道治理的一种主要工程措施。

3. 淤地坝

是指在沟道里为了拦泥、淤地所建的横向建筑物，坝内所淤成的土地称为坝地。淤地坝是在我国古代筑坝淤田经验的基础上逐步发展起来的。

（四）坡面防护工程

坡面是山区最为广泛的区域，在山区农林业生产中占有重要地位，又是泥沙和径流的策源地，因此，坡面治理是水土保持综合治理的基础。斜坡固定工程是指为防止斜坡岩土体的运动，保证斜坡稳定而布设的工程措施，包括挡墙、抗滑桩、削坡、反压填土、排水工程、护坡工程、滑动带加固工程和植物固坡措施等。梯田是山区、丘陵区常见的一种基本农田，由于地块顺坡按等高线排列呈阶梯状而得名。在坡地上沿等高线修成水平台阶式或坡式断面的田地称为梯田。梯田是改造坡地，保持水土，发展山区、丘陵区农业生产的一项重要措施。崩岗是水土流失最严重的侵蚀类型之一。其特点是侵蚀速度快，危害性大，中后期治理较困难。目前我国南方在治理崩岗的实践中，已总结出一套上截、下堵与削坡相结合，以及护岸固坡和固脚护坡等工程措施与生物措施相配合的综合治理方法。

（五）治滩工程

治滩工程就是通过工程措施，将河床收窄、改道、裁弯取直，在治好的河滩上，用人工垫土引洪放淤的方法，淤垫出能耕种的土地，将荒滩变为高产稳产的农田。

第三节　土地复垦

一、土壤重构

土壤重构即重构土壤，是以工矿区破坏土地的土壤恢复或重建为目的，采取适当的采矿和重构技术工艺，应用工程措施及物理、化学、生物、生态措施，重新构造一个适宜的土壤剖面和土壤肥力因素，在较短的时间内恢复和提高重构土壤的生产力，改善重构土壤的环境质量。

（一）土壤重构的类型

（1）按煤矿区土地破坏的成因和形式，可分为以下三类：采煤沉陷地土壤重构、露天煤矿扰动区土壤重构和矿区固体污染废弃物堆弃地土壤重构。排土场土壤重构是露天煤矿土壤重构的主要内容。沉陷地土壤重构根据所采取的工程措施可分为充填重构与非充填重构。充填重构是利用土壤或矿山固体废弃物回填沉陷区至设计高程，但一般情况下很难得到足够数量的土壤，而多使用矿山固体废弃物来充填，这既处理了废弃物，又复垦了沉陷区被破坏的耕地，其经济、环境效益显著，一举多得。主要类型有：煤矸石充填重构、粉煤灰充填重构与河湖淤泥充填重构等，但某些废物可能造成土壤、植物与地下水的污染。非充填重构是根据当地自然条件和沉陷情况，因地制宜地采取整治措施，恢复利用沉陷破坏的土地。据分析估计，矿区固体废弃物只能满足约1/4沉陷区充填重构的需要，还有约3/4的沉陷区得不到充填物料，需要进行非充填复垦重构措施。非充填复垦重构措施包括疏排法重构、挖深垫浅法重构、梯田法重构等重构方式。

（2）按土壤重构过程的阶段性，可分为土壤剖面工程重构以及进一步的土壤培肥改良。而土壤剖面工程重构是在地貌景观重塑和地质剖面重构基础之上的表层土壤的层次与组分构造。土壤培肥改良措施一般是耕作措施和先锋作物与乔灌草种植措施。

（3）按复垦所用主要物料特性的不同，可分为土壤的重构、软质岩土的土壤重构、硬质岩土的土壤重构、废弃物填埋场及堆弃地的土壤重构等。

（4）在不同土壤类型区，自然成土因素对重构土壤的影响和综合作用不同，土壤的发育和形成过程各异。按区域土壤自然地理因素和地带土壤类型不同，复垦土壤重构可分为：红壤区的土壤重构、黄壤区的土壤重构、棕壤区的土壤重构、褐土区的土壤重构、黑土区的土壤重构等。

（5）复垦土壤重构可分为工程措施重构与生物措施重构。工程重构主要是采用工程措施（同时包括相应的物理措施和化学措施），根据当地重构条件，按照重构土地的利用方向，对沉陷破坏土地进行的剥离、回填、挖垫、覆土与平整等处理。工程重构一般应用于土壤重构的初始阶段。生物重构是工程重构结束后或与工程重构同时进行的重构土壤培肥改良与种植措施，目的是加速重构土壤剖面发育，逐步恢复重构土壤肥力，提高重构土壤生产力。生物重构是一项长期的任务，决定了土壤重构的长期性。

（6）根据重构目的和重构土壤用途分类：耕地土壤重构、林地土壤重构、草地土壤重构，其中耕地土壤重构的标准最高。

（二）土壤重构工程的类型

（1）充填工程。利用矿山固体废弃物、工业与生活垃圾等作为充填料回填低洼地、塌陷区以及裂缝等的过程，主要有地裂缝充填和塌陷地充填两种类型。其中地裂缝充填是利用矿山固体废弃物、工业与生活垃圾等作为充填料回填地表塌陷裂缝的过程，以保证土地利用的要求；塌陷地充填是利用土壤和容易得到的矿山固体废弃物等来充填采矿沉陷地，恢复到设计地面高程来综合利用土地。

（2）土壤剥覆工程。为充分保护及利用原有表土和建设复垦土地的表土层而采取的各种措施，主要分为表土处置和客土。表土处置是建设露天采场、运输道路、废物堆弃场、居民区、工业建筑等时，对表土实行单独采集存放和利用的过程；客土是复垦区内土层厚度和表土土壤质量不能满足植被恢复需要时，从区外运土填筑到回填部位的土方搬移活动。

（3）平整工程。复垦过程中为了满足土地利用需要对损毁土地进行平整的过程，主要有田面平整、田埂（坎）修筑和场地平整三种类型。田面平整是按照一定的田块设计标准所进行的土方挖填活动；田埂（坎）修筑是按照一定的田块设计标准所进行的埂坎修筑活动；场地平整是将损毁土地改造成工程上所要求的设计平面。

（4）坡面工程。为防治坡面水土流失，保护、改良和合理利用坡面水土资源而采取的工程措施，主要分为梯田和护坡（削坡）两种工程。梯田工程是在地面坡度相对较陡地区，依据地形和等高线所进行的阶梯状田块修筑工程（按照断面形式不同，梯田分水平梯田和坡式梯田）；护坡（削坡）工程是为防止边坡冲刷，在坡面上所做的各种铺砌和栽植工程。

（5）生物化学工程。利用生物化学措施对复垦土地进行培肥改良和污染防治的过程，具体包括土壤培肥和污染防治。其中土壤培肥，指通过人为活动，创造构建良好的复垦土地，提高土壤肥力和生产力的过程；污染防治，指运用技术手段和措施，对具有潜在污染的复垦土地进行控制。

（6）清理工程。复垦过程中对固体废弃物、建筑垃圾等进行清理的过程。

二、植被恢复

植被恢复是在地貌重塑和土壤重构的基础上，针对不同土地损毁类型和程度，综合气候、海拔、坡度、地表物质组成和有效土层厚度，通过选择物种、配置植被、栽植及管护使重建的植物群落持续稳定。植被重建是土地复垦的保障。植被恢复过程的实质是植被—土壤复合生态系统相互作用的过程。

（一）植被恢复工程的目标

植被恢复与重建的广义目标是使受损的植被系统回到一个更自然的条件下，包括建立合理的内容组成（种类丰富度）、结构（植被和土壤的垂直结构）、格局（植被系统成分的水平安排）、异质性（各组分由多个变量组成）、功能（诸如水、能量、物质流动等基本生态过程的表现）。具体目标为：实现植被系统的地表基底稳定性；恢复植被和土壤，保证一定的植被覆盖率和土壤肥力；增加种类组成和生物多样性；实现生物群落的恢复，提高植被系统的生产力和自我维持能力；减少或控制环境污染；增加视觉和美学享受。

（二）植被恢复工程类型

植被恢复工程包括林草恢复工程和农田防护工程。

林草恢复工程，即通过植树种草的方法对损毁土地进行植被恢复的过程。具体措施有：种草（籽），即通过种草（籽）的方法对损毁土地进行植被恢复的过程；植草，指通过植草的方法对损毁土地进行植被恢复的过程；种树（籽），指通过种树（籽）的方法对损毁土地进行植被恢复的过程；植树，指通过植树的方法对损毁土地进行植被恢复的过程。

农田防护工程，指用于农田防风、改善农田气候条件、防止水土流失、促进作物生长和提供休憩庇荫场所的农田植树种草等工程。具体通过种树（籽），即在田块周围营造的以防治风沙和台风灾害、改善农作物生长条件为主要目的的人工林；种草（籽），用于改善农田气候条件、防止水土流失的农田种草工程。

三、配套工程

配套工程是指与土地复垦主体工程相配套的工程，主要是设备完善阶段，即在保证复垦土地地表稳定的条件下，对不同复垦方向的土地配套灌溉、排水、道路和电力等基础设施，以提高复垦土地的综合生产能力和抵御自然灾害的能力，从而有效提升复垦土地的综合质量。

（一）水源工程

为农业灌溉所修建的地表拦蓄水河湖库引提水、地下取水等工程的总称，具体包括：塘堰（坝），用于拦截和集蓄当地地表径流，蓄水量在10万立方米以下的挡水建筑物，包括堰、塘坝；农用井，在地面以下凿井、利用动力机械提取地下水的取水工程，包括大口井、管井和辐射井；小型集雨设施，在坡面上修建的拦蓄地表径流、蓄水量小于1 000立方米的蓄水池、水窖、水柜等蓄水建筑物；水源工程，也可以拆分成机井工程（成孔工程、井管安装、填封工程、洗井工程、设备安装）和集雨工程（沉沙池、集水池、水窖）。

（二）灌排工程

为调节农田水分状况及改变和调节地区水情，以消除水旱灾害，科学地利用水资源而采用的灌溉排水措施。具体工程有：明渠，在地表开挖和填筑的具有自由水流面的地上输水工程；管道，在地面或地下修建的具有压力水面的输水工程；明沟，在地表开挖或填筑的具有自由水面的地上排水工程；暗渠（管），在地表以下修筑的地下排水工程。灌排工程也可以分为支渠（沟）、斗渠（沟）、农渠（沟）、毛渠（沟）。支渠是干渠下一级的渠道，即分支的输水渠道；斗渠指在灌溉系统中，由支渠引水到毛渠或灌区的渠道；农渠指从斗渠取水并分配到田间的最末一级固定渠道；斗沟指将农沟的水汇集输送。

（三）喷（微）灌工程

比管道输水更节水的一种灌溉方式，包括喷灌、微灌及相关排水沟的管道工程和设备安装。具体工程有：喷灌，利用专门设备将水加压并通过喷头以喷洒方式进行灌水的工程措施；微灌，利用专门设备将水加压并以微小水量喷洒、滴入方式进行灌水的工程措施，包括滴灌、微喷灌、渗灌等。

（四）建筑物工程

为满足渠道输配水、渠系交叉等修建的建筑物工程。具体工程有：倒虹吸，输水工程穿过其他水道、洼地、道路时以虹吸形式敷设于地面或地下的压力管道式输水建筑物。渡槽，输水工程跨越山谷、洼地、河流、排水沟及交通道路时修建的桥式输水建筑物。水闸，修建在渠道或河道处控制水量和调节水位的控制建筑物，包括节制闸、进水闸、冲沙闸、退水闸、分水闸等。桥涵，田间道路跨越河流、山谷、洼地、沟渠等天然或人工障碍物而修建的过载建筑物。泵站，通过动力机械将水由低处送往高处的提水建筑物，又称抽水站、扬水站。跌水、陡坡，跌水是垂直降坡，利用检查井等设施通过进出水管道的标高差直接降低管线的总坡度，这个标高差也就是跌水值，多重跌水设置就类似于楼梯台阶的形状；陡坡是缓慢降坡。蓄水池是用人工材料修建、具有防渗作用的蓄水设施。

（五）疏排水工程

将开采沉陷积水区的复垦治理通过强排或自排的方式实现。具体工程有：截流沟，在坡地上沿等高线开挖用于拦截坡面雨水径流，并将雨水径流导引到蓄水池的沟槽工程；排洪沟，在坡面上修建的用以拦蓄、疏导坡地径流，并将雨水导入下游河道的沟槽工程；排水沟，将边沟、截水沟和路基附近、庄稼地里、住宅附近低洼处汇集的水引向路基、庄稼地、住宅地以外的水沟的工程。

（六）输配电工程

输送和对电能进行重新配置的工程。具体有：线路架设工程，通过金属导线将电能由某一处输送到目的地的工程；配电设备安装，承担降压或用配电设备通过配电网络将电能进行重新分配的装置；线路移设工程，将原有线路拆除，新架设输电线路的工程。

（七）道路工程

为满足复垦区物资运输、农业耕作和其他生产活动需要所采取的各种措施总称。具体工程有：田间道，连接田块与村庄，供农业机械、农用物资和农产品运输通行的道路；生产路，复垦区内连接田块与田块、田块与田间道，供人员通行和小型农机行走的道路；其他道路，除上述田间道、生产路之外的其他道路工程。

四、监测工程

土地复垦监测工程是针对不同复垦单元制定合理的土地损毁和复垦效果的监测。包括：针对露天煤矿，对重点监测区、监测项目、监测方法、监测频次和监测机构进行监测；针对井工煤矿，监测复垦土地质量、植被长势、污染防治效果、地表变形程度（设置地表观测站）等；针对金属矿，监测复垦土地质量、植被长势、金属污染防治效果、地表变形程度等；针对石油、天然气（含煤层气），监测复垦土地质量、植被长势、石油污染防治效果、地表变形程度等；针对建设项目，监测复垦土地质量、植被长势、地表变形程度等；针对铀矿，监测复垦土地质量、植被长势、环境辐射水平和放射性元素、地表变形程度等。

（1）复垦区原始地貌地表状况监测。主要包括：原始地形信息，土地利用状况，土壤信息，土壤类型和土壤理化性质，居民点信息，耕地权属信息。

（2）土地损毁监测。主要包括：塌陷损毁监测，沉降监测和变形移动监测，挖损损毁监测和压占损毁监测。

（3）复垦效果监测。主要包括：土壤质量监测，针对不同复垦方向的土壤进行化验，监测周期一般不低于5年；复垦植被监测，包括林地和草地监测两个方面，监测频率为复垦期内每年不少于一次，竣工后至少每三年一次；复垦配套设施监测，一般针对水利工程和交通工程两方面。

在具体监测工作实施中，指标的选取可根据地域空间、土地损毁类型、监测手段等要素适当增减，做到因地制宜和因时制宜。监测可采用自查、抽查、实地调研、数据验证、定量评估与定性评估相结合的方式开展。

第四节　空心村整治

一、空心村形成原因

“空心村”是在多种因素共同作用下产生的一种复杂的社会产物。空心村成因主要有以下几点。

（一）土地使用制度不完善，农民对宅基地认识不足

《中华人民共和国土地管理法》中没有对土地流转的明确规定，也没有对土地使用进行特定约束，对于农村宅基地使用权的保护只有政策调整而没有明确的法律条文规定，导致土地流转缺乏明确标准。而村领导对土地的管理也不严格，对宅基地的审批过于随意。

我国土地管理法规定，宅基地所有权属于集体，这些集体土地可以依法交予单位或者个人使用，但他们都不能私自转让和买卖。由于政府宣传不到位，村民对于土地管理法了解不够，大部分村民缺少宅基地是集体土地的观念，将其视为私人所有，肆意侵占建造房屋。在这种观念的支配下，村民大量占用宅基地，旧的房屋不及时拆除，又建造新的房屋，造成了村庄房屋布局杂乱无章。

（二）旧宅结构、布局存在缺陷，基础设施匮乏

由于村庄在初建时缺乏统一管理，选址随意、布局混乱无序，住宅的通风和采光都不尽如人意。旧宅采用联排式组合方式，山墙紧靠，且开间小、进深浅、层高低，在原址重建新房无论是在哪个维度都受到较大限制，翻建难度较大。另外，由于我国村庄绝大多数具有较长的历史，基础设施缺乏，村庄内部道路硬化极少、排水设施简陋，雨雪天气主要依赖地表排水，村民出行不便。

（三）村庄规划和管理不到位

我国村庄大多都是自然形成的乡村聚落，没有经过统一的规划管理，因此村庄形态具有较大的随意性。一方面，缺乏一个具有前

瞻性、可操作、科学合理的村镇规划系统；另一方面，村庄领导对农村建设认识的不到位以及缺乏有力的领导和管理。这就造成了村庄废弃住宅缺乏修缮和管理，村民随意选择新房地址，成片住宅开发缺少统一性，而这些都是空心村产生的直接原因。

二、空心村整治原则

（一）坚持以人为本的原则

整治空心村要坚持以人为本的原则。在三农问题中，农民问题始终是核心问题，要把农民作为空心村整治的主体，整治过程中遵循农民的意愿，保障他们的利益，才能提出实际可行的治理方案。首先，要积极关注村庄中缺乏劳动力的困难家庭，采取政府救助、集体补贴等方式解决其困难。例如鼓励这些家庭出租、转让空闲土地获取资金，解决经济问题，同时完善对弱势群体的保障制度。其次，空心村在一定意义上是人口的空心化，也就意味着村庄老龄化严重。因此，要重视老年人的生产、生活，注重解决他们的实际问题，尽量让他们在熟悉的生活环境中生活，以减少整治村庄带来的不适。

空心村的治理包括村庄的建设规划、基础设施的建设等，这些都与村民的自身利益紧密相关，因此村民的参与至关重要。农民对于农村问题最为了解，也有自己的想法，村庄治理要广泛听取农民的意见，鼓励农民投身到空心村的整治中，共同改善村庄的生产生活条件，促进村庄的全面进步和可持续发展。

（二）坚持科学规划，因地制宜的原则

村庄所处的地理位置不同，其社会环境也大不相同，其空心化也各有特点，需要解决的问题也不一致。空心村的治理要根据村庄的实际情况和功能定位制定规划，确定其治理模式。衰退严重的村庄可采取合并、迁移的方式，并入相邻的规划居民点；对于规划保留的村庄，要科学调整村庄结构，加大对基础设施建设的投入，将村庄的空闲用地充分利用起来，及时修缮危旧房屋或进行功能的转变，还要整治耕地，禁止占用耕地建造房屋等。同时，空心村的治理还要与上一级发展规划相结合，从长远的角度进行整治。

（三）坚持集约节约利用土地的原则

保护土地资源、加强土地节约集约利用是空心村整治的主要目的。集约节约土地资源首先要做到节约用地，可以通过法律手段对村庄的土地进行保护。其次是集约用地，可以通过增加人力、资本的投入来提高土地的利用效率。

空心村整治时，人均建设用地以现状人均用地作为标准，按照村庄级别不同可做小幅度调整。严格遵守宅基地制度，拆旧建新，禁止多占土地；按照规划建造房屋，严禁多占土地造成浪费。对于整治过程中整理出来的闲置用地可以进行复垦、复耕，或者转换为其他功能。通过创新机制，大力推进现代化农业，提高农业生产效率，增加农民收入，改善农民生活。

（四）坚持可持续发展的原则

保护环境与实现社会的可持续发展是相辅相成的。社会发展到现阶段，只有确保人与自然的和谐，才能使社会经济与人类文明获得更大的进步。自然资源是有限的，我们必须选择一种绿色可持续的生活方式，为后代创建一个健康稳定的自然环境。

空心村整治要达到调整与稳定生态系统、给居民营造舒适和谐的生活环境的目的。在整治中，应该注意保护原有系统，避免产生污染的行为；对已经造成污染和破坏的环境，要采取科学合理的方式控制污染源，恢复原有生态环境。

（五）坚持公共治理的原则

公共治理是政府管理与公众参与两种治理方式共存，突出强调政府、社会和个人多方协作，这些治理主体各展所长、各得其所。治理方式上根据不同的情况进行选择，有强制方式、协商解决方式、自治方式等，尽量做到民主化、多样化。空心村的整治强调以政府为主要治理主体，通过制定奖励制度，鼓励社会和公众的参与。

三、空心村整治模式

（一）迁村合并模式

迁村合并就是以村庄为基本单位的迁移和合并，是在对相邻村庄进行人口、经济、规模等因素的分析之后，决定迁移合并的村庄。空心村的整治要遵循以人为本的原则，协调用地、道路、基础设施等各个方面的因素，以实现和谐适宜的人居环境为目标。对于发展困难、规模小、建设难度大的村庄可采取一次性或者分阶段迁移，迁移之后根据当地的实际情况进行土地的集约使用，实现村庄经济与生态环境的和谐统一。迁村合并不仅有利于土地节约集约利用，推动特色农业的发展，还能整理出用于再次建设或退耕的土地资源。迁村之后，要按照宅基地制度进行建设，防止空心村的再次形成和土地资源的浪费。

（二）原址整治模式

原址整治的村庄适用于村庄发展到空心村的第二阶段，但又不能满足迁村合并的要求，所以在原有地址上整治成为一种可行的模式。这类村庄有以下特点：第一，村庄地势平坦开阔，资源丰富并具有发展潜力，对村庄进一步发展提供了有利条件；第二，村庄的规模较大，但布局较为松散，土地集约利用不够；第三，存在一定数量新建房屋，但旧有房屋数量较多，村民建造新房的愿望强烈。对这类空心村整治时要遵循节约集约利用土地资源、完善公共设施，重点关注旧有宅基地、闲置废弃地的处理和利用，分情况进行整治。对于想要建造新房的村民，不再批复新的建房用地，让其原址重建；而有些村民已经选择新的地址建造房屋，应责令其归还旧房宅基地，收归集体所有，可将其进行功能转换或者批复给其他村民用于建造房屋；对于地形较差、交通不便的废弃宅基地，可用于公共设施的建设，为村民活动提供公共空间；对于尚且有条件种植作物的闲置用地可进行复耕，种植果木蔬菜，增加农民收入。

原址整治要尽最大可能地控制村庄的房屋布点，减少村庄的无序扩张，转而向村庄中心发展。注重村庄空间结构的合理布局，尊重村民的意愿，创造和谐舒适的村庄环境。

（三）新址重建模式

新址重建的模式适用于自然环境不利、交通不便的村庄，村庄的经济发展受到限制，村民的生命财产安全受到威胁，这种村庄治理所需投入较大而且治理效果不明显，适宜于选择新址重建的模式。选择新址重建，基本原则是要选择一处比原村自然条件、社会条件更好的位置，同时也要考虑与周边的环境、村庄相适应，能正确处理好与周边环境的协调共生。首先要采用科学的方法深入了解该地的综合条件和发展潜力，做出合理的评估，确保村民在这里愉快地生活和从事生产活动，尽量降低搬迁带来的影响；其次，在搬迁之前要做出详细的计划并对今后的发展做好规划，充分考虑到搬迁过程中出现的各种问题并做好应对预案，同时还要尽最大可能调动村民的积极性以保证搬迁的顺利进行。搬迁后的生产生活发展也要全面考虑，为村民提供生产生活保障。新址重建模式适用于全面衰落的村庄，整体搬迁的成本小于就地治理且效果显著。

（四）转型整治模式

转型整治模式包括与邻近城镇相结合和与产业相结合两种类型。距离城镇较近的村庄，往往空心程度更加严重，但这也代表它们会有更大的机遇。这些空心村人口大量流失，职业发生很大变化，乡村聚落形态、生活方式、生产方式以及基础设施等都有很大变化，已是非常严重的空心化阶段。有些村庄夹杂在城镇之中，被称为“城中村”，它们作为村庄的基本功能已经丧失，而且还阻碍了城镇的发展。对于空心村，采用转型整治的模式是十分有必要的。转型整治模式既不能完全按照治理农村的思路，也不能照搬城镇的标准，要与村庄实际情况相结合，摸索出一条适合自身发展的正确治理方式。与产业相结合的治理模式，要根据村庄的实际情况，与当地农业产业、旅游业或乡镇企业等相结合，推动当地经济快速发展。

四、空心村土地整治规划

（一）空心村土地利用规划

空心村的空置土地可以采取土地置换的方式进行再利用。通过规划手段，将农民手中的宅基地与集中规划的居住用地进行置换，将置换的老宅、破宅、无人居住的宅子推掉重建，用作村内的公共设施用地或文化用地等，不仅可以提高村内的环境质量，而且可以给村庄注入新的活力。

对已有旧宅基地的农民申请建房时，必须交旧才能建新，由集体统一支配。对收归集体的旧宅基地根据实际和规划情况，或用于公共设施，或复垦为耕地。有特殊情况暂时不能交出旧宅基地的，如老人居住，也要签订折旧协议等。

以大于原有宅基地面积一定倍数的耕地向村民置换空心区宅基地，由集体收回宅基地使用权，统一进行整改。由于村民“占地”观念难以更改，需要运用优惠的置换条件来吸引村民，调动村民的积极性和主动性。另外，村集体可免收在交换过程中因办理过户等常规手续而产生的额外费用，以减少村民的支出负担，使得村民对其所占有的宅基地的自主调节活动活跃起来，对宅基地的置换形成一个有效的良性循环。

对有历史文化价值的老树、旧宅、老街，应该区别对待，在保护的基础上进行规划利用，不应和其他普通民宅一样处理。

同时，规划的起草和制定均建立在广泛的群众基础上，经村委会充分论证确定，土地利用规划制定后，应上交县、乡级主管部门，并及时公布，接受村民监督。

（二）空心村闲置民宅利用规划

首先，要按高标准编制村庄规划，合理确定建设范围，严格圈定用地界限，对旧宅基地实行统一规划改造或复垦还田。其次，要严格执行建房用地制度。所有建房户原则上必须先拆老房，收回原宅基地，方可批建新房。对于一些尚可继续使用的旧房，可推行调剂制度，调剂给空心村中的老人和贫困户使用，并收回其原旧房。再次，对超过法定宅基地限额标准的宅基地按超面积多少收取土地使用费。这样既为整治空心村筹集资金，又建立起农户用地自我约束机制。

做好土地整治工作，充分挖掘村内闲置宅基地潜力，扼制村庄继续向外扩张的不良趋势。以“统一规划、统一政策、统一拆迁、统一建设”为原则，通过行政、法律、经济手段管理农村建房，开展宅基地整理，向旧村要地。

对于经济基础好、经济实力强的村庄，可实行整村改造。先与空心村村民达成共同协议，将其统一安置到村集体新开发的小区中，同时集体收回空心村内宅基地使用权。将圈定的改造区域按照统一设计、统一规划、统一施工、统一标准的原则进行改造建设。这样不仅解决了村民老旧宅基地私有而无法回收的问题，实现了土地的合理开发利用。

（三）空心村闲置宅基地复垦

据调查，全国村庄建设用地达 1 600 万公顷，而空心村内宅基地闲置面积约占 10%左右，即 160 万公顷的土地处于闲置状态。如果这些闲置的土地有 70%复垦为耕地，我国可增加耕地近 110 万公顷。

（1）明确土地权属。根据《土地管理法》及其实施办法“农村居民一户只能拥有一处不超过标准的宅基地”的规定，应按照法定程序注销多占土地，统一收归集体管理使用和发包经营。

（2）妥善安置贫困农户。“三无”贫困户（没有申请和审批新的宅基地，没有新建住宅，没有建房经济能力的农户）目前还基本都住在“空心村”中，妥善处置好他们的生活，既是实施土地复垦项目的需要，更是构建和谐文明新农村的需要。采取多渠道筹资的办法，帮助他们建好新房，保证拆迁工程顺利进行，复垦项目稳妥实施。

（3）制定优惠政策措施。坚持“谁复垦、谁受益”的原则，鼓励社会各类经济组织以及个人投资土地复垦项目开发。建立奖励补助制度，由县国土管理部门拿出一部分项目管理基金，对协助参与项目建设的乡镇、村组干部进行奖励补助，并对实施拆迁的村组进行补偿，以调动他们参与项目实施的热情。整理复垦项目申报验收合格后，其新增耕地纳入县补充耕地项目库，对项目实施人予以奖励。通过土地开发整理项目的实施，不断增加有效耕地面积，改善农业综合生产条件，促进乡村振兴。

第七章　村庄内部道路规划设计

第一节　村庄内部道路存在的问题

村庄内部道路是指村庄居民点内部供行人及各种运输工具通行的道路。它在功能上有别于连接城市、乡村和工矿基地的公路。公路主要供汽车行驶并具备一定技术标准和设施，而村庄居民点内部的道路同时供村民步行和各类车辆使用。村庄内部道路的建设技术标准低于公路。

近几年以来，我们在村庄调查中发现村庄内部道路整治和建设存在如下问题：

（1）村庄内部道路性质不明确，缺乏依照功能分类安排路网的观念，在村庄规划建设中多采取方格式“X 纵 Y 横”的城市型路网结构。

（2）沿着村庄外部公路线状开发，建设住宅和开展商业服务，以致增加了公路的步行功能，把公路改变成为村庄内部道路，因此造成了诸多交通隐患。

（3）过度注意村庄内部道路的行车功能，而没有留意村庄内部道路的步行功能。

（4）在村庄整治中，一味追求“宽马路”“直马路”，村庄内部道路水泥化面积超出实际交通需要。

（5）在村庄整治中，村庄内部道路地面过度硬化，而地基夯实不够。

（6）忽视了村庄内部道路横断面设计。

（7）没有综合考虑村庄内部道路交叉口设计。

（8）道路绿化缺乏草灌乔相结合的种植方式。

这些问题的出现主要是没有坚持村庄居民点内部道路适合于它的功能的原则，有模仿城市道路形态的倾向，也有忽视道路建设对生态环境和乡土特色的影响。

第二节　村庄内部道路系统划分

村庄内部道路系统划分是指对住宅间用于通行的所有空间按其在村庄中的功能所做的等级划分。适用村庄为行政村和中心村。

划分的目的是在村庄内部道路桥梁及交通安全设施整治中，根据整治对象所在地域及特点，确定村庄各类道路的使用功能，满足村庄的自然、地理、环境、道路条件的实际情况，为村庄整治规划奠定基础。

依据村庄整治技术规范的规定，村庄内部道路按其使用功能划分为三个层次，即主要道路、次要道路、宅间道路。

（1）主要道路是村庄内各条道路与村庄人口联系的道路，以车辆交通功能为主；同时兼顾步行、服务和村民人际交流的功能。

（2）次要道路是村内各区域与主要道路的连接道路，在担当交通集散功能的同时，承担步行、服务和村民人际交流的功能。

（3）宅间道路是村民宅前屋后与次要道路的连接道路，以步行、服务和村民人际交流功能为主。

（4）中小型自然村不建设主要道路和次要道路，只建设宅间道路。

（5）中型行政村只建设次要道路和宅间道路。

（6）只有中心村应该建设主要道路、次要道路、宅间道路（表7-1）。

（7）村庄内部道路用地面积约占全部建设用地面积的7%～15%，其中主要道路占50%，次要道路和宅间道路占50%。

表 7-1　村庄内部道路系统组成

村庄层次	村庄规模等级	道路等级		
		主要道路	次要道路	宅间道路
中心村	大型	○	○	○
	中型	○	○	○
	小型	△	○	○
行政村	大型	○	○	○
	中型	△	○	○
	小型	—	△	○
自然村	大型	△	△	○
	中型	—	—	○
	小型	—	—	○

注：表中○为应设道路，△为可设道路。

第三节　村庄内部道路的规划布局

道路规划布局设计是指关于村庄内部道路空间的一种总体安排。

通过规划和设计，不仅满足村庄内部道路的交通通行功能，同时满足社会和环境保护方面的功能。适用地区：中心村和行政村。

一、规划布局设计理念

交通不再是村庄道路的唯一功能，道路成为所有乡村生活的重要场所，道路就是公共空间，而且是生动活泼的公共空间。

一切从功能出发的道路设计可以使村庄具有乡土特色的特征。

道路空间是由建筑“围合起来”的，同时，道路节点的建筑或组成道路节点的建筑在设计上具有特别重要的意义。

道路公共场所的空间、美学和功能的意义在道路节点表现得最为明显，所以，道路节点所构成的公共空间应当具有多样性的功能。

道路的公共空间与私人空间应当具有明确的界线。

二、棋盘式村庄内部道路布局

我国平原和丘陵地区的大部分村庄都在沿袭简单的棋盘式村庄内部道路布局模式，如图 7-1 所示。

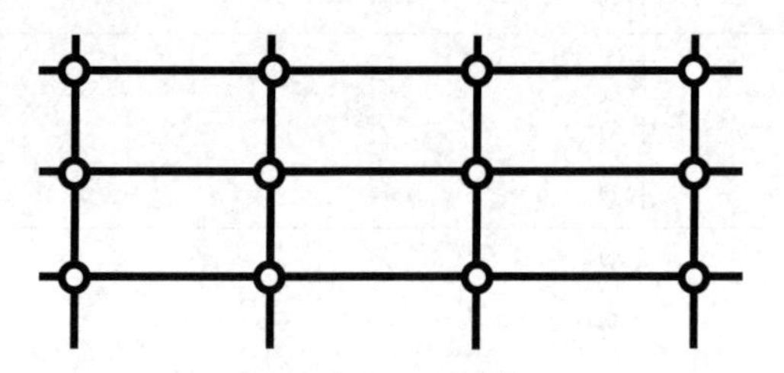

图 7-1　棋盘式村庄内部道路布局模式

（一）棋盘式道路布局特点

（1）棋盘式村庄内部道路布局模式可以公平划分宅基地地块；

（2）棋盘式村庄内部道路布局模式易于划分供宅院建设的矩形地块；

（3）棋盘式村庄内部道路布局模式为无限扩张提供了可能；

（4）每一条街道都是贯穿性的；

（5）任何街道都可以成为主要街道；

（6）棋盘式街道可以平均街道所承担的交通流量；

（7）一般提供了从一点到其他多点的最短距离；

（8）棋盘式村庄内部道路布局为处理紧急事件的车辆既提供迅速接近现场的路径，也提供了接近现场的多种选择；

（9）棋盘式村庄内部道路布局为以人的尺度开发住宅提供了可能。

（二）棋盘式道路布局局限性

在车辆不多的情况，这种道路布局模式的确是可行的。但是，在村庄车辆增加的今天，使用这种布局模式有技术上的局限性。

（1）存在严重的交通隐患；

（2）增加了道路水泥化铺装程度，不利于雨水的回渗，改变了村庄小气候，影响了生态环境；

（3）当棋盘向外膨胀时，较为接近村庄居民点核心区的部分会承担更大的交通流量，干扰那里的村民；

（4）村庄必须维修大量的车行道，把整个街道都铺装起来，以便承担日益增加的车流量。

三、层次式村庄内部道路布局

层次式村庄内部道路布局，即有限街道为贯穿式道路（图7-2）。

图7-2　层次式村庄内部道路布局

层次式村庄内部道路布局模式优点：

（1）减少贯穿性道路，相对封闭居民点；

（2）限制道路无限扩张；

（3）降低车辆交通对居民正常生活的干扰；

（4）贯穿式道路把村庄居民点的不同部分连接起来；

（5）村庄内部车辆交通主要使用二级非贯穿性的道路；

（6）一些道路采用环形状态而不再承担主要交通功能；

（7）把大流量车辆交通限制在一定层次上；

(8) 村庄可以沿着主要道路预留车行道，以防未来交通的增加；

(9) 产生理想的居住环境；

(10) 有可能沿主要街道建设商店等服务性建筑，避免在一条繁忙街道上建设入宅车道；

(11) 在层次式村庄内部道路布局中，先确定贯穿式道路，然后再设计其他。

封闭一个棋盘是困难的，但是，在一个层次式村庄内部道路布网，把有限的入口封闭起来还是很简单的。现在一些封闭式小区就是采用层次街道体制的极端例子。

四、两种道路布局模式的结合

在村庄道路整治中，需要把两种设计要素协调起来，即在设贯穿道路组成的大规模棋盘式格局时，兼顾棋盘中的村庄内部次要街道和住宅间道路，把它们与村庄内部主要道路在层次上加以区分。当然，在创造这种结合形态道路模式时，我们需要考虑以下问题：

(1) 村庄居民不希望只有一个村庄入口，也不希望与相邻地区没有联系，而大规模棋盘式道路系统在多个层次上把社区连接在一起，实际上是满足他们这类愿望的一种办法。

(2) 有些采用层次式内部道路布局的村庄包括了附加的步行道，提供了比一般车行道路更直接的连接方式。在一些村庄，这些步行道足够承担处理紧急事件车辆的通行，它们实际上提供了另一种出入社区的形式。

(3) 调整道路层次可以避免当交通量在老社区增加时所引发的冲突，因为那些地方道路可能不再适合于居住了。

第四节　村庄内部道路设计

一、主要道路规划设计

村庄主要道路设计是指对村庄内部主要道路空间规模和布局所

做的安排。通过科学的设计，保证村庄内部主要道路能够承担村庄的全部通行功能，并与其他道路构成一个协调的道路系统，在道路建设中节约土地、建筑材料，把对生态环境的影响减至最小。适用村庄类型为行政村和中心村。

（一）村庄主要道路一般规划设计

1. 设计标准

（1）路面宽度约 5 米，2 车道。

（2）路肩宽度约 0.75 米。

（3）单边人行道宽度约 1.25 米。

（4）主要道路红线宽度约在 1∶3。

（5）设置 7 米退红，分设在道路两边或一边。

2. 设计要求

村庄内部主要道路和乡村公路最明显的差别之一就是它们各自的规模，即宽度和设置。

（1）在平原和丘陵地区，村庄内部主要道路的交通通行要比乡村公路复杂得多，不仅有汽车，还有自行车和行人。

（2）把村庄内部主要道路，包括铺装路面以及路肩和分离的人行道，扩宽到 7 米以内比较合理。

（3）这里村庄内部主要道路的合理宽度是，提供一条停车带，并使一般通行车辆和紧急车辆的行进不致受阻。

（4）7 米宽度并非指 7 米的路面宽度，而是包括铺装路面以及路肩和分离的人行道在内的宽度。

（5）在平原和丘陵地区，乡村公路的铺装宽度大体在 7 米以上，其交通容量足够每天通行千辆汽车。但是，这类道路缺少路肩、自行车道或适当的人行道。随着道路交通量的增加，特别是学生骑车或步行上学，存在严重交通隐患。当然，双向各 3 米的两车道非常适合于乡村公路的交通量，一般中等车速在 50 千米/小时。

（6）村庄内部主要道路的整体宽度大体等于乡村公路，但是，道路整体宽度的分割不同，即减少铺装路面的宽度，增加路肩和人行道的设置。

3. 补充说明

(1) 大部分村庄内部主要道路的功能只是供村民通行使用。但是有些地区村庄内部主要道路的铺装宽度为9～10米，这样宽度的主要道路对于日常通行交通量是多余的。

(2) 在条件许可的情况下，村庄内部主要道路要留出与道路铺装宽度相当的退红，假定村庄内部主要道路的整体宽度为7米，在此之外还有7米的退红，分设在道路两边或一边。这样既保证安全，减少对居民的噪声影响，也便于铺设公共工程设施和绿化美化村庄。

(3) 不要忽视村庄内部主要道路弯道降低车速的功能。

(4) 车辆在村庄内部设有必须减速的技术障碍。

(5) 从公众安全的角度讲，在设计村庄内部主要道路弯道时，采用40米弯道半径，就可以把车辆在转弯处的速度限制在40千米/小时之内。

(二) 村庄主要道路理想规划设计

1. 设计要求

(1) 主要道路在村中环状绕行，而非贯穿性的直路，这样可以避免村庄的带状布局，形成组团式紧凑型的布局形式。

(2) 环状主要道路可以避免过境车辆的穿行，避免往返迂回，并适于消防车、救护车、商店货车和垃圾车等的通行。

(3) 主要道路退红宽度，即住宅高度与道路宽度加上退红之比约在1∶3，不仅给人以乡村开放性的感觉，也提高沿街住宅的安全性，减少噪声干扰。

(4) 主要道路平坦，方便行车。

(5) 通过弯道设计，控制车速。

(6) 有人行道和各式各样的道路安全设施。

(7) 主要道路路标清晰，不致迷路；下雨不用担心，路牙边就有排水暗沟；建有路灯。

(8) 主要道路人行道旁用建筑物和树木花草把私人地产与公共地产划分开来，又留下了邻里间相互关照的可能。

2. 补充说明

（1）山区村庄居民点多数是建设在坡度15°以下较为平坦的地方，只是每个组团规模相对狭小而已，尽管山区和平原丘陵地区农村居民点的道路因地形存在一些差异。

（2）山区村庄主要道路的建设问题是没有采用组团式布局及其道路安排，一味带状发展或蔓延式展开。

（3）控制山区村庄居民点主要道路的建设长度，可以有效抑制山区村庄居民点的蔓延态势，减少公共工程设施的投入。

二、村庄内部次要道路设计

村庄内部次要道路设计是指对村庄内部次要道路空间规模和布局所做的安排。通过科学的设计，保证村庄内部次要道路能够承担起村庄街坊间的通行功能，并与主要道路和宅间道路一起构成一个协调的道路系统，在道路建设中节约土地、建筑材料和把对生态环境的影响减至最小。适用村庄类型为中心村和行政村。

1. 设计标准

（1）路面宽度约1米，1车道。

（2）路肩和植树宽度约1米。

（3）单边人行道宽度约1米。

（4）铺装路面的宽度减少到3米，增加路肩和人行道的设置，一般不需要道路退红。

2. 设计要求

（1）村庄内部次要道路实际上是一种街坊道路。它上接村庄主要道路，下连宅间道路。

（2）从村庄消防栓最大服务半径150米的安全设计要求，街坊最大宽度和长度都不宜超出75米，即一个街坊大约只能有5 600平方米。

（3）按照人均100平方米的宅基地使用标准，一个街坊大约有18～20家住户，围绕这个街坊形成一条村庄内部次要道路。

（4）村庄内部主要道路和次要道路的差别主要在行车速度。

（5）降低村庄内部次要道路行车速度的理由是，村庄内部次要道路的功能是交通集散和满足步行、服务和村民人际交流的需要。

（6）降低车辆在村庄内部次要道路上行车速度的一种方式是，建设人行道，减少车辆行驶路面的铺装宽度。

（7）降低车辆在村庄内部次要道路上行车速度的另一种方式是，保持原有传统村庄内部次要道路中的弯道部分，不要刻意取直或加大弯道半径，要求车辆在刹车减速的条件下才可以通过为宜。实际上，如果行车速度在20千米/小时范围内的话，弯道半径为20米即可，最低半径不能小于12米。

（8）村庄内部次要道路是村庄居民会面的场所，即一个非正式的公共场所；

（9）村庄内部次要道路的宽度大约在人们可以隔街交谈的范围内；

（10）村庄内部次要道路的适当地方设置一些椅子之类的公用设施；

（11）为了避免把村庄内部次要道路变成村庄内部主要道路，村庄内部次要道路可以采取“T”形道路，尽量不要再设计成为贯穿性的道路，保证大部分车辆在主路上行驶，减少车辆在住户之间穿行。

3. 补充说明

（1）较宽的铺装路面可能鼓励较高的车速。实际上，除了铺装路面外，采用乡村公路建设标准建设村庄内部道路，还可能产生另外一个危险状况，那就是在村庄居民区内部缺少提供给步行者使用的道路。

（2）没有人行道，老人步行会缺乏安全感。

（3）在村庄内部次要道路上建设人行道并不多见。我们可以使村庄内部次要道路兼做人行道，这样，各个家庭之间的联系就会比较紧密。他们可以在那里游戏和踱步，骑轮车，做游戏。

三、村庄内部宅间道路

宅间道路设计是指对村庄内部宅间道路空间规模和布局所做的

安排。通过科学的设计，保证村庄内部宅间道路能够承担起村庄宅间的通行功能；与主要道路和次要道路一起构成一个协调的道路系统；在道路建设中节约土地；尽量使用当地可以获得的建筑材料，如砂石等，保证道路的透水性，把对生态环境的影响减至最小。适用村庄类型为所有村庄。

1. 设计标准

（1）路面宽度约 1 米；

（2）边沟和房基保护区宽度共计 2 米；

（3）合计宅间道路宽度为 3 米；

（4）道路长度 75 米以内；

（5）弯道最低半径不能小于 12 米。

2. 设计要求

（1）村庄内部宅间道路与村庄内部次要道路相接，以步行、服务和村民人际交流功能为主，车辆只有蠕动的速度而已，这样，村庄内部宅间道路类似一条人行道。

（2）村庄内部宅间道路还担当着避免火灾等各类灾难的重要功能。

（3）村庄内部宅间道路是上下水设施支管线布置场所。

（4）村庄内部宅间道路几乎不承担车辆交通功能。

（5）村庄内部宅间道路的宽度以门对门聊天的尺度为准。

3. 补充说明

（1）为满足村庄内部宅间道路的避免火灾的功能要求，必须因地制宜地考虑村民最快逃生速度和火灾救助最大半径。

（2）为了保证一条宅间道路的长度不超过 75 米，一条宅间道路不超出 10 户，两边各 5 户，这样，他们的逃逸时间约在 30 秒之内。当然，做到这一点并不困难，因为有许多住户实际上可以使用村庄主要和次要道路逃逸。需要注意的是那些居住在街坊中间的住户，保证他们有 30 秒的逃逸时间。

（3）为满足村庄内部宅间道路避免地质灾害的功能要求，必须因地制宜地考虑村民在地震房屋倒塌时，依然可以使用宅间道路逃逸。一幢 4～5 米高度的房屋倒塌后，可能完全覆盖 1 米宽的道路，但是，一般不太可能完全覆盖 3 米宽的宅间道路。所以，3 米应当是村庄内部宅间道路的基本宽度。

（4）在这样一个狭小的通道里，当然不再允许建设和堆放私人杂物。清除宅间道路上的所有堆放物，是村庄整治中的一项重要工作。

四、景观休闲道路

休闲道路是通往村庄居民点外开放空间的道路。许多村庄近年来做起了民俗旅游业，于是，便出现满足游客观赏乡村风情的景观休闲道路。实际上，这些道路过去多为围绕村庄居民点的田间小道或生产性道路，现在增加了生活服务性功能。所以，保证这些道路的安全和美观至关重要。

休闲道路是村庄道路系统中唯一不为汽车交通服务的道路，它直接与村庄周围的田野和山川相联系。这些道路应当顺其自然，不要刻意使用水泥铺装路面，只做一些简单的清理，保证平坦和不积水即可。同时，保持过去生产性道路的宽度为宜，不要按照汽车通行的标准扩宽。

第五节　村庄内部道路节点

村庄道路节点的设计是指关于村庄内部道路节点的一种空间布局安排。

村庄道路节点是村庄道路网络的重要组成部分，是村庄道路和交通中的瓶颈部位。合理设计村庄节点的目的是提高村庄居民的安全性、机动性和通行能力，同时满足居民的社会交往的需求。村庄内部三种道路的功能不同，存在地域差异，村庄道路节点一般是无控制平交节点，少数平面环行节点，几乎没有停牌控制平交节点。村庄道路节点一般具有交通冲突、交通瓶颈、速度变化、交通流到达分布的多重性、交通量的周期性变化、到达车辆的转向需求等特征。

一、村庄入口设计

（一）村口技术特点

村庄内部主要道路起始于村庄入口。这样，村庄入口与村外公路形成村庄内部道路系统的首要节点。在设计村庄入口时，需要满足三个基本要求：

（1）在村庄居民点和周围的自然环境间建立一个界限。

（2）向来客作若干提示。

（3）产生非贯穿性的视觉效果。

（二）村口设计原则

（1）村口总有一个类似交通标志大小的村牌、路标、交通限速标志、允许通行车辆的种类、汽车减速的路坎等设施。

（2）如果村里设有餐馆和旅馆，就会有一些招牌，若不是刻意寻找食宿者，这些招牌不要对停车视距三角形内司机的视线构成障碍。

（3）从一个村口不可能看到另一端的村口，不是因为路长的缘故，而是道路在进村不远处转了弯。

（4）建筑物和人行道一般即始于村口，除此之外，别无他物。

（三）补充说明

（1）通常情况下，一个自然村只建设一个机动车进入村庄的正式村口。

（2）其他入口或出口仅供行人和生产车辆使用。

（3）与机动车进入村庄的村口相连，整治出一条主要道路，其余道路均按次要道路或宅前道路设计，便于社区交通管理和社会安全。

二、村内路口设计

（一）路口设计要求

（1）只设置一条村庄内部主要道路，以避免在村庄中出现主要道路“十”字形交叉路口。

（2）如果不可避免地要设置更多的村庄内部主要道路的话，至少不要设置任何垂直相交的主要道路，让增加的村庄内部主要道路连接起来绕行，以降低路口交通事故的发生率。

（3）村庄内部主要道路只与次要道路连接，每一个连接构成一个节点。

（4）避免主要和次要道路“十”字形交叉节点，主要道路一侧次要道路中的车辆一般没有进入主要道路另一侧次要道路的需要。

（5）安排主要道路和次要道路“错位形丁字形”交叉路口，即主干道两边的次干道不要相对而建，而是错开安排，尽量减少十字路。

（6）在这些“丁”字形交叉路口，设置停车等待交通标志，可以非常有效地控制行车速度，提高道路交通在村庄中的安全水平。

（7）在这个节点上，所有进入次要道路的车辆都有优先行驶权，而所有从次要道路进入主要道路的车辆都要避让主要道路的车辆。

（8）在主要道路下的上下管道系统与宅间道路下的上下管道系统衔接时，不可避免地会出现一些宅间道路与主要道路的交叉节点。所以，在设计这类节点时，要在路面宽度和材料上充分考虑宅间道路的非车辆行驶功能，它们仅供居住在这条宅间道路上用户的车辆转弯之用。

（二）交叉路口设计原则

（1）路口设置交叉路口标志、交通限速标志、街名、允许通行车辆的种类、在主要道路上设置减速路坎。

（2）如果路口设有公共服务设施，它们的招牌和任何物体不要对停车视距角形内司机的视线构成障碍。

（3）路口不宜种植高大乔木，只能种植低矮灌木。

（4）路口转弯半径不能小于 12 米。

第六节　村庄内部道路退红设计

道路退红设计是指关于村庄内部道路退红空间的功能安排。通过道路退红空间的安排，使它重新成为道路、道路附属建筑物、人行道和公共工程设施的使用空间，保证村民和建筑物的安全。适用道路类型为村庄内部的主要道路和次要道路。

一、道路退红空间的功能

（1）在行驶的车辆与住宅间建立起一个缓冲区，保证居民和住宅的安全。

（2）在住宅与住宅之间留下足够的建筑空间，以保证住宅的采光和通风良好。

（3）建设维护道路本身的路肩和边沟。

（4）设置供电线路和通信线路。

（5）设置供电线路、通信线路和供水、排水管线。

二、设计要求

（1）首先改变村庄内部主要道路和次要道路退红空间的状况，逐步改变村民占用宅间道旁空间的习惯。

（2）通过对道路退红空间的集体使用，消除村民对道路退红空间“闲置”的误解，保证村容整洁。

（3）充分利用道路退红空间中可以使用的部分，建设村庄内部主要道路和次要道路旁小型公共园林景观，小型和多样的公共活动和休闲场所。

（4）把改建或新建的主要供水和排水管线埋置在村庄内部主要道路和次要道路的退红空间内，竖立明确管线标志，建设标准管线检查井、设置公共设施。这样一来，私人占用道路退红空间的可能性会减少一些。

三、补充说明

（1）道路退红空间的地面部分常常成为私人堆放柴草和杂物、修建茅厕、喂养牲畜、抛弃垃圾、从事生产的场所，而靠近墙根的地下部分也常常用于家庭化粪池或沼气池的建设。

（2）路肩坍塌、边沟堵塞、退红空间被私人临时或永久性占用的现象，随处可见。

（3）随着农村城镇化的推进，生活水平和居住环境的提高，除道路路面外，道路退红空间的使用和管理越来越重要。

（4）在村庄整治中，道路退红空间的整治至关重要，是实现村容整洁的关键部位。

当然，临时治理这些道路退红地区的脏、乱、差的场所不是不可行，但是，要做到长期村容整洁，需要依靠其他村庄公用设施建设的配合，如秸秆气化站、改厕、公共畜圈、与居住分离的工业生产厂房、集中沼气站等。科学的解决办法是村庄集体使用道路退红地区。

第七节　村庄内部道路横断面设计

一、村庄道路横断面一般功能划分

村庄道路横断面一般功能划分是指对村庄内部道路横向空间所做的功能划分。适用村庄类型：行政村、中心村和自然村。

村庄内部道路横向宽度不等于硬化的路面，村庄内部道路还包括路肩、边沟和道路退红。

（一）功能要求

（1）路面满足道路的通行畅通的需要。

（2）路肩和边沟满足保护道路路面的需要。

（3）满足在建筑物和路面间形成一个安全缓冲区的需要。

（二）路肩的作用

（1）保护路基。

（2）种植树木和花草。

（3）铺装成为人行道。

（三）边沟的作用

（1）排放雨水。

（2）保护路基。

（3）采用封闭式或开敞式。

（四）道路退红的作用

（1）布置重要公共工程设施。

（2）村庄内部主要道路和次要道路的交叉口一般设置交通安全标志。

（3）布置了各类供电和通信设施。

（4）设置消防栓。

（5）修筑街头小园林。

除满足路肩、边沟和道路退红各自的技术性功能需要外，它们都可以成为村庄公共环境建设的首选场所。

二、村庄道路横断面设计

道路横断面设计是指对垂直于道路中心线方向的断面及其组成成分和形式所做出的安排。因为乡村的自然地形地貌和水文条件不同于城市，也不同于田野地区，所以，村庄内部道路兼有公路横断面和城市道路的组成成分，不完全与公路和城市道路的横断面组成相同，需要做出适当安排。设计要求适用村庄内部的所有道路。

（一）设计标准

（1）村庄内部主要道路横断面的组成部分有：车行道（路面、双道），边沟（明或暗、依据传统、双边），路缘石，行道树（双边），人行道（双边），公共工程设施和绿化带（单边）；村庄内部主要道路横断面一般采用双向坡面，根据路面宽度、面层类型、纵坡及气候等条件，其横坡度坡度值在1%～3%。

（2）村庄内部次要道路横断面的组成部分有：车行道（路面、单道），边沟（明或暗、依据传统、单边），路缘石（单边），行道树（单边），人行道（单边），公共工程设施和绿化带（单边）；村庄内部次要道路横断面一般采用单向坡面，根据路面宽度、面层类型、纵坡及气候等条件，其横坡度坡度值在1%～3%。

（3）村庄内部宅间道路横断面的组成部分有：单道和边沟（单边）；村庄内部宅间道路横断面一般采用单向坡面，其横坡度坡度值在1%～2%。

（4）无论哪种道路，在高路堤和深路堑的路况下，还应当包括挡土墙。

（二）设计要求

（1）村庄内部道路一般有车行道（路面）、路肩、边沟、边坡、绿化带、分隔带，也有人行道和路缘石等成分，在高路堤和深路堑的路段，还包括挡土墙。

（2）根据道路的设计标高和横断面土石方的不同填挖情况，村庄内部道路的横断面形式采取三种基本形式：路堤式、路堑式、半填半挖式。

（3）车行道在横断面上的布置可以采用2种方式：单车道，所有车辆都在同一个车行道平面上混合行驶；用地较省，但对向行驶车辆的干扰多，多用于交通量不大的次要道路；双车道，将车行道分为单向行驶的两条车行道，可避免对向行驶车辆的干扰，但机动车和非机动车仍为混合行驶，当然，占地较多。

（4）车行道的横断面形状可以做成单向坡面或双向坡面，形成路拱。路拱的基本形式有：抛物线形、抛物线（或圆曲线）接直线形、折线形、倾斜直线形。

（5）对于那些地势平坦和比较富裕的村庄，村庄内部道路的横断面可以采取贴近地面布置，地面的雨、雪水从地下沟管排泄。而对于那些地势不太平坦，集体经济不太富裕的村庄，村庄内部道路的横断面可以通过提高道路中心线的高度，形成路拱，让地面的雨、雪水通过边沟排泄。

（6）供行人步行和植树、立杆埋管的人行道。人行道的总宽度，由步行道、地上杆线、行道树、绿地、埋设地下管线等所需宽度组成。步行道的宽度能供1人行走即可，至少1.5米。路缘石也称侧平石、道牙，是区分车行道、人行道、绿地之间的界线，其功用是支撑路面，分隔行人和车辆交通，排水。

（三）补充说明

没有实施整治的村庄，其现实状况与道路横断面设计标准之间存在相当差距，而一些已经实施村庄整治的村，其现实状况也与道路横断面设计标准存在差距。受到这些道路横断面问题影响最大的是道路路基以及路面。

在村庄内部道路设计中存在的一些常见错误做法如下：

（1）村庄内部道路无路拱或横坡度坡度值达不到顺利排出雨水的要求。

（2）有路无沟或边沟存在设计问题，如边沟形状有碍清理，可以变暗沟而没有加盖。

（3）无人行道或人行道存在设计问题，如行道树种植在人行道上，阻碍行人通行。

（4）无路缘石或路缘石存在问题，如不能有效支撑路基，或阻碍路面排水。

（5）行道树种植存在设计问题，如树种选择有误、过密或过疏。

（6）道路路面过宽，挤占了用于公共工程设施的道路退红部分。

（7）没有留出道路退红中的绿化带或在那里仅种植单一乔木。

第八章　村庄绿化建设

村庄绿化具体内容包括道路绿化、公共绿地绿化、水系绿化、宜林宜绿用地绿化、庭院绿化、附属绿地绿化及其他用地绿化等类型。

第一节　道路绿化

目前村庄道路绿化绝大部分是一板两带式，道路中间是一条车行道，在车行道两侧为不加分隔的人行道。绿化时，往往在人行道外侧各栽种一排行道树。道路两侧的树种配置以乔、灌为主，乔、灌、草结合。

一、进村道路绿化

进村道路一般指连接各村庄的道路，主要满足村民出入村的交通需要。

进村道路处于村庄生活区外围，其周边多是田地、菜园、果园，绿化可以选择栽植树干分枝点较高，冠幅适宜的经济树种，谨防绿化树木影响作物生长；不与农田毗邻的进村道路，可以栽植分枝点较低的树木。

（一）一般进村道路绿化

在道路两旁种植1～2排乔木，道路两侧树下不做维护，自然生长。为加强绿化美化效果，可在乔木间种植大叶女贞等常绿小乔木，或紫薇、黄杨、海桐球等花乔木，为了保持行进中观赏田园远景风光，乔木下灌木修剪高度不宜高过0.7米或具有一定间距分散种植灌木丛。

（二）较高级别进村道路绿化

具有机动车道和非机动车道分隔带，通常在机动车道两侧设置分车绿带，在非机动车道外缘设行道树。两侧分车绿带的绿化不宜过高，一般采用绿篱间植乡土花灌木的形式。

（三）常见道路绿化的植物组合方式

1. 落叶乔木与常绿小乔木间植

道路两侧用落叶乔木（杨树、水杉、五角枫、银杏、国槐、刺楸等）和常绿小乔木（女贞、黄杨等）间植栽植（行道树中常绿树木与落叶树木的合理配置为 3∶7，即常绿树木占 30%，落叶树木占 70%），株距 3 米。

2. 单种乔木行列栽植

道路两侧各栽植一行乔木，目前使用较多的有悬铃木、椴树、七叶树、枫树、银杏、香樟、广玉兰、女贞、槐树、栾树等，株距 3～4 米。苗木规格较大的速生乔木，间距以 6～8 米为宜。

3. 经济林木与常绿灌木间植

道路两侧的经济树种（柿树、樱桃、杏树等）和常绿灌木（女贞、黄杨等）间隔栽植，株距 3 米。

4. 常绿针叶乔木与常绿灌木间植

道路两侧的常绿针叶乔木（塔柏、龙柏等）和常绿灌木（小檗、女贞、黄杨等）间隔栽植，株距 3 米。

二、村内主要道路绿化

村内主要道路是指与村庄入口相连接的村庄内部道路，功能主要有车辆交通、村民步行、商贸和村民人际交往等。

对于一般规模的村庄，主要道路只有一条或几条，肩负着村庄的主要交通、商贸流通等功能，该类型的道路的使用率和通行率均较高，能够展现村庄风貌，应重点绿化，使其美观大方。

（一）具体绿化布置

（1）道路两侧可以种植树体高大、分枝点较高的乡土乔木，间植常绿小乔木及花灌木；也可以栽植果材兼用的品种，如选择柿树等高主干式的经济果木为行道树，再配置一些花灌木；为了调节树种的单一性，在适当区域可选择树型完整、分枝低、长势良好的其他乡土树种，再配置常绿灌木或花灌木；经济条件许可时，行道树可选择档次较高的园林树种。

（2）可考虑统一树种，统一要求各家门前的植树位置，形成一街一树、一街一景的特色。对于存在于道路一侧的宽敞空地，可以种植一些较高的观赏大树，布置少量的休息座椅，形成一个适宜休息、闲谈的交往空间，供人际交往。

（3）从车行道边缘到沿街建筑之间的绿化地段，统称为人行道绿化带，适宜种植行道树。在种植行道树时，应充分考虑株距与定干高度。在人行道较宽、行人不多的路段，行道树下可种植灌木或地被植物，以减少土壤裸露和道路污染，形成具有一定序列的绿化带景观，提高防护功能，加强绿化效果。

（二）补充说明

（1）为保证车辆在行车道上行驶时，驾驶者能够看到人行道上的行人和建筑，人行道绿化带上种植的树木必须保持一定的株距，一般不应小于树冠的2倍。

（2）为保证其正常生长，便于消防、急救、抢险等车辆在必要时穿行，行道树种植株距不应小于4米。

（3）行道树不仅要整齐，还应考虑开放度的需要，在含商业建筑的街区，店面前植树不可太密。

（4）民宅区道路绿化植物可以种植的密一些，村庄内接近住宅的主要道路绿化要求层次丰富，绿化效果好。

（5）路面或人行道两侧的绿化边缘处建议采用灌木丛或地被植物塑造自然柔性的边界，除非地形需要，一般不采用砌筑的绿化形式。

（6）具体某个村庄，需要综合考虑当地条件，确定道路绿化的树种和模式。

三、村内次要道路绿化

村内次要道路，主要包括村内住宅间的街道、巷道、胡同等，属于主要道路的连接道路，具有交通集散功能，便于村民步行、获取服务和进行人际交往。

村内次要道路往往只有 2～3 米宽，由于不够重视，卫生和绿化条件较差。在进行绿化时，结合村庄整治，清理不整洁的地面，改善立地条件，保证绿化实施的效果。

具体绿化方式：

（1）在不影响通行的条件下，可在道路两侧各植一行花灌木，或在一侧种植小乔木，一侧种植花灌木；两侧为建筑时，可以紧靠墙壁栽植攀缘植物。

（2）可设横跨道路的简易棚架，种植丝瓜、葫芦等作物，既可以起到遮阴的作用，也能带来一定的经济效益。

（3）对于某些较窄的小路，可根据情况调整为单侧绿化，道路一侧种植大量绿篱，避免了地面裸露，绿化效果良好。

（4）对于村内菜园地的次要道路，可选择生长力较强的蔬菜覆盖边坡，营造良好的绿化效果，同时节约土地。

（5）道路拐角处可以种植低矮的花灌木或较高定干高度的乔木进行绿化美化，增添生活趣味。

第二节　公共绿地绿化

村庄公共绿地主要是指为全村村民服务的广场绿地、小公园、小游园绿地、休闲绿地等。随着村民精神需求的提高，公共绿地愈加显示出重要作用，高品质的公共绿地为村民休闲、游玩、晨练等提供清幽舒适的环境，满足人们的精神享受。

一、村庄公共绿地绿化设置的内容

（1）充足的绿化，丰富景观层次和色彩。

（2）一定面积的硬质铺装，一般采用广场砖或水泥铺地。

（3）一定的照明设施，方便村民晚上使用。

（4）实用的休憩设施，如落叶乔木下设置的座椅等。

（5）为老人设置的喝茶、打牌设施以及村民健身设施，为儿童设置滑梯、秋千、跷跷板、沙坑等。

(6) 设置适宜的雕塑，雕塑可以取材当地的历史名人、传奇故事等，以增添村庄的文化氛围。

二、村庄绿化树木选择

常绿乔木如雪松、香樟、广玉兰、圆柏、白皮松等；

落叶乔木如梧桐、火炬树、海棠、元宝枫、白玉兰、五角枫等；

常绿灌木如柑橘、山茶、黄杨、珊瑚树、水蜡、十大功劳、枸骨、月季等；

落叶灌木如榆叶梅、连翘、金钟花、珍珠海、锦带花等；

藤本植物如紫藤、凌霄、薜荔等；

草花地被如万寿菊、紫茉莉、一串红、鸡冠花、野菊、雏菊、孔雀草、半枝莲、二月兰等。

具体配置时，应充分结合本地气候环境，在适地适树的前提下，注意常绿与落叶、观花与观叶树种的合理搭配，并综合考虑树木的色彩、形态、体量，以及开花植物的花期，采用乔木、灌木、草花、藤本相复合的绿化形式。绿化平面布局将点、线、面协调配置，力求创造优美、实用的村庄公共绿地。

第三节　村庄水系绿化

水系绿化原则：因地制宜；宜树则树、宜草则草；对原有树木尽量保留；夏季能看花，冬季能见绿。

一、村庄内部水系绿化

村庄内部水系，对于村庄的环境整治和美化具有重要作用，属于绿化规划重要内容。

1. 村庄内的河流绿化

河流距离村庄建筑较远时，可在保护河流两岸原有植被的基础上，修剪绿化带。绿化带上层以高大乔木为主，一行或两行种植在靠近行车道一侧，中层以灌木为主，地面植以花卉，形成绿色地毯。经济条件允许的村庄，可以在绿化带上点缀园林建筑和装饰小品，提高绿地的档次。

在河流较宽，经济条件较好的村庄河道规划中，可在适当位置设置堤坝截流水资源，形成一定规模的水面，并且在其附近进行园林式绿化建设，形成优美的滨河公园。

传统村庄内部河流岸旁可修筑台阶，以方便农户下河洗衣服。可以借助一些基础设施建设，形成一种生活交往场所。绿化时在台阶附近种植高大乔木，提供遮阴，营造良好的村民交往空间。

村落中的小型河道建议保持原貌，清理疏浚后，恢复良好的自然景观。如果裸土较多，建议以地被植物覆盖，同时间植冠大乔木，营造村民交往空间场所。

2. 村庄内部池塘的绿化

边坡绿化：采用建设生态护岸，铺设保持水土的地被植物，例如马蹄金、酢浆草、白三叶等，另外可适当点缀种植黄水仙等湿生花卉进行美化。近水面可栽植菖蒲、鸢尾等观花植物，共同创造优美景色。

处于村庄内部的池塘，水面周围一般不会有很多开阔的绿化范围，以常绿灌木沿岸绿化为主，零星种植树形美观的观赏树为辅，进行植物布置。

对周边较为开阔的水塘，可种植围合的防护林带，排除外界对水域的干扰。水边植物材料选择上注意植物的生长习性。一株桃树一株柳是水岸绿化的一般模式，在水塘绿化时可以考虑。

3. 村庄内部沟渠绿化

村庄内部居住人口较多，沟渠较为少见。沟渠可以种植乔木进行绿化美化。经济条件好的村庄，采用暗沟暗排的方式布置沟渠，但管理维护费用较高。

二、村庄周围水系绿化

（一）村庄周围河流绿化

平原地区的村庄河流一般为小支流，具有较为平坦的河床，流动较为缓慢，水量小时可能出现河床裸露现象。村庄绿化时重点对其进行生态恢复，可采取的措施如下：

（1）连接岸堤的水滨缓坡，可种植具有发达根系的地被植物，以保持水土，保证岸堤的安全性，同时具有一定的景观效应。

（2）岸堤上方可种植经济林木，形成良好的生态环境，同时为村庄带来经济收益。河道两侧留土1米宽时，可作单行种植，一般单行宜种植高大乔木；河道两侧留土在3～4米宽时，则可种植两行，树种搭配注重常绿与落叶、树高与带宽的搭配，还可根据需要少量搭配一些灌木等。

（3）原本存在覆盖面积较广的水边植物时，需略作整改，不加人工绿化，只对那些由于人为活动破坏的水滨进行植物恢复，仿照自然水岸的植物配置，保证水流通畅。

（4）对于水流较小，河道较为蜿蜒曲折的河流溪水，在水流畅通、灌溉便利的情况下尽量保持原始状态，如有淤积或污染的河道，应适当加以清理和疏浚，恢复清澈通畅的溪流原貌。

（二）村庄周围沟渠绿化

沟渠是沉积层上面的水流冲蚀留下的痕迹，一般宽0.5～2米，深20～50厘米。沟渠内一般水量小，流速漫，枯水季节甚至断流，丰水季节可起到排洪泄洪的作用。

人工挖掘的供水、排水沟渠，分为水泥和泥土两种河床。水泥河床会阻碍水分渗透，破坏生态，绿化时应加以恢复。对于较为宽阔的沟渠，建设缓坡自然式河岸，堤坝上种植单一或存在骨干树种的林带，形成两岸碧树夹一水的景观模式。较为狭窄的沟渠，可以在周围列植较低矮的果树，减少水分蒸发和水土流失。沟渠绿化时注意沟渠的疏浚、垃圾的清理，保证水流通畅。

（三）湖泊绿化

湖泊是指陆地上洼地积水形成的水域比较宽广、流动缓慢的水体。一般来说，湖泊面积较大，其周围的自然条件较好，可以不做人工绿化布置。对于人工砌筑驳岸的湖泊环境，应适当加以恢复利用，植树种草，体现田园风光。为维护村庄边缘的水环境，在水岸种植成排树木，水中散植水生植物，绿化效果较好。

三、水环境植物选择

植物选择注意结合水生态的要求进行配置，选择适合本地生长的乔灌木和地被植物，树种要耐湿、耐修剪，抗病虫害能力强，推荐使用水杉、池杉、落羽杉、杜英、重阳木、湿地松等绿化树种，如表8-1，在满足乡土植物品种的前提下，尽量丰富种类，形成良好的乔灌草植物群落。

表8-1　水环境植物应用举例

布置方式	应用举例
岸边种植	旱柳、垂柳、沙柳、蒿柳、小叶杨、沙地柏、圆柏、侧柏、水杉、苦楝、枫杨、白蜡树、连翘、榆树、榔榆、乌桕、樱花、杜仲、栾树、木芙蓉、木槿、夹竹桃、爬山虎、葡萄、紫藤、紫穗槐、毛茛、长叶碱毛、柳叶菜、毛水苏、华水苏、薄荷、陌上菜、婆婆纳、豆瓣菜、蔍草、水毛花、水莎草、花穗水莎草、红磷扁莎草、竹节灯心草、小花灯心草、细灯心草、扁蓄、红蓼、丛生蓼、酸模叶蓼、柳叶刺蓼、杠板归、刺蓼、戟叶蓼、大戟叶蓼、白茅、拂子茅、荻薏苡、牛鞭草、湿生匾蕾、千屈菜、水竹叶、花菖蒲、鸢尾、海寿花、燕子花、溪荪、洋水仙
水中种植	挺水型：鱼腥草、三白草、水蓼、水生酸模、莲子草、莲、百花驴蹄草、豆瓣菜、水田碎米荠、猪笼草、合明、水芹、水苏、薄荷、香蒲、水烛、野慈姑、慈姑、泽泻、花蔺、芦苇、水葱、纸莎草、伞草、再力花、菖蒲、石菖蒲、水芋、鸭舌花、雨久花、旱伞花、花叶芦苇、花叶香蒲、梭鱼草、荸荠 浮水型：莼菜、萍蓬草、芡实、睡莲、眼子莲、浮叶慈姑、凤眼莲、菱、荇菜、浮水厥、龙骨瓣莕菜 沉水型：龙舌草、水筛、金鱼藻、水车前

第四节　村庄内部空地与围村林带

一、村庄内部空地绿化

一般村庄外围缺乏对土地利用的长效规划管理，常年自由发展后，出现一系列问题，在村庄内部出现很多边角空地。这些地块往往成为垃圾杂物堆放地，严重影响村容村貌，是村庄绿化整治中必须解决的问题。

对于面积较小的地块，可栽种树木；

对于面积较大的可种植经济林木，如北方可发展小果园，南方发展小竹园等，以创造经济价值；

对于在村中区位好、面积大的空地，可规划建设小游园、小花园等公共绿地，供孩子游玩和村民锻炼。

从事农业活动的空地，如大麦场、晒谷场等，此类空地属于间歇性闲置，不适宜进行覆盖性绿化，可在其周围做围合式绿化，用乔木限定边界，用花灌木点缀边界。

二、围村林带建设

村庄是村民生活的主要场所，在其外围营造绿色空间，对于村庄形成良好的小气候以及改善生态环境具有非常明显的效果。而在村庄绿化中，往往重视村庄内部的绿化而忽视村庄外围林带建设。在绿化整治时，应加强村庄林带建设，做好村庄生活区和生产区之间缓冲区的绿化。

营造围村林带时，应综合考虑村庄外缘地形和现有植被等因素，因地制宜地进行。围村林带应与村庄的盛行风向垂直，或有30°的偏角，林带宽度不应小于10米，注意保持围村林带的连续性，以提高防护功能。通常采用规则式种植，株距因树种不同而异，一般1～6米；可以进行块状混交造林，也可采用乔灌草相配合的形式，营造防护功能较强的围村林带。

树种选择方面，应尽可能选择速生树种，以便尽早发挥林带的防护作用；也可栽植经济林木或果树，如银杏、柑橘、柿树、山楂、枣树等，在美化环境的同时取得积极效益。北方常用的树种有桧柏、火炬松、垂柳、旱柳、栾树、刺槐、白桦、马尾松等。南方常用树种有杉木、桉树、喜树、板栗、核桃、油茶、柑橘、青皮竹等。

第五节　庭院绿化

庭院是房屋前后用院墙建起的院落。庭院具有多种功能，如储存、交通、排水、休闲、蔬菜水果生产等，因此庭院绿化应从发挥庭院功能的角度，依照生态性、适用性以及美学原则进行设计，一般可以划分为四种模式。

一、林木型村庄绿化模式

林木型庭院绿化是指在房前屋后的空地上，栽植以用材树为主的经济林木。这是一种经济型的庭院绿化模式，其特点是农户可以充分利用庭院的有效空地，根据具体情况组配栽植高产高效的庭院林木以获得经济效益。绿化时因地制宜选择乡土树种，以高大乔木为主，灌木为辅。

具体绿化布置为：

屋后绿化以速生用材树种为主，大树冠如泡桐、楸树等，小树冠如刺槐、水杉和池杉等。在经济条件适宜的地区，可在屋后种植淡竹、刚竹等，增加收入。

房屋间开敞院落的绿化一般可以选择枝叶开展的落叶经济树种（如经、材两用的银杏，叶、材两用的香椿，药、材两用的杜仲等），带来一定的经济效益，且满足庭院夏季遮阴和冬季采光的要求。一般来说，前院植树规模不宜过大，以观赏价值较高的树种为主。

对于空间较小的庭院，宅前小路旁及较小的空间隙地宜栽植树形优美，树冠相对较窄的乡土树种。对于北方某些需要留出大面积空地的庭院，经济用材树种宜均匀单排布置在院墙一侧。

对于老宅基地，在保留原树的基础上补充栽植速生丰产、经济价值较高的杨树、水杉、池杉等速生用材树种。在必须清除原有的老弱树及密度过大的杂树时，应注意尽可能多地保留桑、柳、榆、槐等乡土树木。

此种模式已规划栽植经济林木为主，主要适用于北方地广人稀的村庄和村庄内面积较大的庭院。

种植间距：速生乔木的株距为4～6米，行距2～3米；灌木的株、行距均为1米左右。绿化林木与房屋的距离因树种不同而异。

二、蔬菜型村庄绿化模式

蔬菜型村庄绿化模式是指在庭院内栽植果树、蔬菜，绿化美化，方便食用，兼顾一定的经济效益。

经济果木可根据当地情况选择乡土果树，如北方的柿、桃、李、杏、梨、枣、石榴和樱桃，南方的梅、金橘和柑橘等。选用果树作为庭院绿化树种时，宜选择1～2种作为主栽树种，再选配栽植少量的其他树种，要根据各种果树的生物学特征和生态习性进行科学搭配。

常见的布置方法：

选择不同果蔬，成块成片栽植于院落、屋后，少量植于院墙外。果树栽植密度应依品种、土壤条件的不同而异。如在开敞院落的肥沃平地上，中国樱桃可采用Y形密植，按1米×3米间距。一般在靠墙一侧单排种植果树。在树下种植蔬菜时注意果树的枝下高度，保证采光，其种植密度与田间类似。

院墙及角落用攀缘植物来覆盖，能够形成富有野趣和生机的景观，同时具有遮阴、纳凉的功能。

在路边、墙下可开辟菜畦，成块种植辣椒、茄子、西红柿等蔬菜。

在果树旁种植攀缘蔬菜，树下围栏种植一些应时农作物，产生有层次的立体绿化效果。

此种类型适用于具有果木管理经验的村庄和农户，是一种较为普遍的村庄庭院绿化方式，具有传统的气息。有条件的村庄可以发展“一村一品”工程，采取统一购苗，统一收购、加工、销售的方式，把村庄产业与绿化结合在一起。

三、美化型村庄绿化模式

美化型庭院绿化是指结合庭院改造，以绿化和美化生活环境为目的的绿化模式。此类模式通常在房前屋后就势取景，点缀花木，灵活设计。绿化形式以园林上常用的花池、花坛、花境、花台、盆景为主。这种绿化模式多出现在房屋密集、硬化程度高、经济条件较好、可绿化面积有限的家庭和村落。

可选择的一些乔木，如松、柏、香樟、黄杨、冬青、广玉兰和桂花等。可选择的花卉粗放管理、自播能力强的一、二年生草本花卉或宿根花卉，进行高、中、低搭配。常见的园林植物有紫叶鸡爪槭、细叶鸡爪槭、红叶李、梅花、罗汉松、桂花、木槿、石楠、月季、火棘、腊梅、茶花等。绿篱植物有黄杨、小叶女贞、小蜡、迎春、连翘、金钟花、枸杞等。

布置方式：

房前一般布置花坛、花池、花境、花台等。为了不影响房屋采光，一般不栽种高大乔木，而以观叶、观花或观果的花灌木为主。

房前院落左右两侧，一般设计为花池、花境、廊架、数列、绿篱或布置盆景，以经济林果和花灌木为主，为夏季遮阴布置树形优美高大乔木，如楸树和樟树等。

屋后院落一般设计为竹园、花池、树阵或苗圃。主要植物种类有刚竹、孝顺竹、棕榈、桃树、银杏、枫杨、水杉、朴树等，以竹类和高大乔木为主。

四、综合型村庄绿化模式

这种绿化模式是前面三种模式的组合，绿化形式不拘一格，采用林木、果木、花灌木及落叶、常绿观赏乔木等多种植物进行科学、合理配置，创造出优美的居住环境，又能产生经济收益。绿化布置因地制宜，依据住宅布局形式、层数、庭院空间大小等实际条件，选择不同的方案进行组合。

总体布局形式为：

庭院花木的布置可在有一种基调树种的前提下，多栽植一些其他树种。根据自己的需要和爱好选择花木，自主布置设计，形成高、中、低多层结构的绿化环境，依照自然生长，实行乔、灌、草三层结构绿化。综合性庭院绿化将花卉的美观、果蔬的实用和林木的隐蔽，共同集合在庭院中，创造出丰富多彩的生态景观效果。

建筑立面绿化，可以在窗台、墙角处放置盆花；墙侧面设支架种植攀爬丝瓜、葫芦等；裸露墙面尤其是东西两侧山墙用爬山虎等攀缘植物进行美化点缀，同时防止夏季太阳暴晒。

庭院围墙可采用空透墙体，以攀缘植物覆盖，形成生态墙体；也可以采用栅栏式墙体，以珊瑚树作为基础，修剪成等高的密植绿篱围墙，同时体现生态、经济和美观，具有一定的实用性。

第六节　附属绿地绿化

一、学校绿化

村庄学校的绿化既要满足各个分区的功能要求，为师生创造适宜的环境，又要充分考虑其乡村性，灵活选择绿化树种。成功的学校绿化，校内绿色遍布、空气清新，能够为广大师生的学习、活动和休憩提供良好的环境。学校绿化可分为如下几个部分：

（一）门前区绿化

学校门前区在功能上要满足学生上学、放学时人流、车辆的集散，同时体现校园的风格面貌和文化特色，是村庄学校绿化的重点区域。根据门前区瞬间人流量大，以及处于校园重要位置等特点，植物配置应简洁、明快、大方、自然。一般选用观赏价值较高的乔灌木，同时注重常绿树木与落叶树种的合理搭配。

门前区主道两侧可布置常绿绿篱、花灌木或乔木，以达到四季常青的效果。也可采用落叶乔木间植常绿灌木的形式，以满足遮阴和采光需求，同时使门前区四季有绿。

还可在门前区设置花坛、花台，种植观赏价值较高的花灌木，或摆设时令花卉，运用植物色彩体现学校生机勃勃的景象。

（二）道路绿化

学校主干道是人流集中、体现校园风貌的重要区域。绿化时，两侧行道树可选冠大阴浓、树形优美的落叶乔木。为丰富景观层次，也可在道路两侧种植花灌木、花草等绿化植物。一般学校绿化，可广泛采用极具乡村气息的树种以增加校园亲切感，如北方的加杨、梧桐、泡桐等，尤其是加杨，笔直的树干很适合学校环境。

学校次级道路可选择小型乔木（橘树、苹果树、桃树等）＋树篱（黄杨、石楠、圆柏、珊瑚树等）＋花冠木（或小乔木石榴、紫薇、木槿等）＋草本（书带草、二月兰、酢浆草等）的配置形式。

（三）教学区绿化

教学区绿化具有隔离和防护的作用，目的是为师生创造安静、愉悦的工作和学习环境。

教学楼门口可栽种观赏性花灌木，如杜鹃、山茶、石榴、连翘等；

教学楼为口字形时，可在中间天井种植耐阴花卉和灌木，如万年青、一叶兰、八仙花等，力求做到美观大方。

教学楼阳面一般可设置花坛，以宿根花卉或花灌木为主进行绿化美化。

对于只有平房教室的教学区，可发动学生在教室外砌花池，自己动手种植乡土花草，如紫茉莉、凤仙花、一串红、野菊、万寿菊等。

建筑周围的绿化考虑采光、通风的需要，墙下一般采用株高不超过窗口的灌木或小乔木，若选用高大乔木，应保证距离建筑 5 米以上。

（四）办公区绿化

为营造幽静的办公及学习环境，需对学校办公区进行绿化。一般情况下，由于空间所限和采光需要，办公区绿化多数采用小乔木或花灌木＋草本的形式，通常可选木槿、石榴、桂花、紫薇等；为节省资源，也可选用苹果、桃、李、杏、柑橘等果木。办公楼东西两侧可种植藤本植物，如爬山虎、五叶地锦等，攀附在粗糙的墙壁上，令环境格外优雅，还会使办公室更加凉爽。办公室建筑周围绿化同样考虑室内通风采光的需要，5 米之外才可种植高大乔木。

（五）运动区绿化

运动场周围绿化既要保持通透，又要有一定的遮阴性。

运动场与建筑之间最好设置常绿与落叶乔木混交的林带，起到隔音作用。

乔木的定干高度不宜过低，树木下不宜种植灌木，以免妨碍运动或给运动造成伤害，操场跑道周围和足球场要做好地面处理和边角点缀绿化。

（六）教学基地绿化

对于校园里比较独立的空置地块，可结合中小学教学需要灵活规划教学基地，使校园内的植物既发挥绿化、美化的功能，又能作为教学观察和实习的材料，有利于学生们加深对课堂所学知识的理解。教学基地可设置为苗圃，让学生参与扦插、养护等活动，从而锻炼他们的动手能力。

校园绿化力求使学生们在得到绿的享受和美的熏陶的同时，增加学生对植物的准确了解，可给校园内的植物挂牌子，在牌子上标出准确的中文名、拉丁学名和科名，还可注上主要用途，以方便学生学习。

学院绿化宜选择具有杀菌、减噪功能的树种，如柠檬桉、银杏、肉桂、圆柏、雪松、悬铃木、香樟、柑橘等树种具有杀菌功能；毛白杨、香樟、女贞、石楠、珊瑚树、夹竹桃等树种具有减噪功能。

二、敬老院绿化

敬老院是农村重要的社会福利机构，是老人颐养天年的地方，为他们创造一个温馨舒适的生活环境非常重要，绿化是一项重要手段。

在老人休息和娱乐的区域除了多设桌椅外，宜种植冠大阴浓的落叶乔木，如梧桐、国槐、泡桐、刺槐、合欢等，以满足夏日遮阴和冬季采光的需要。

在老人锻炼的区域，一般采取疏林草地的形式，注意将常绿与落叶树种相结合，保证冬季有阳光，夏季有树。可将河流、溪水引入敬老院，开辟钓鱼池，为老人们提供丰富的休闲生活。

无障碍设计，保证道路坡度适宜、台阶高度适当，并注意留有轮椅通道，方便老人使用。

绿化方面，考虑到敬老院中使用轮椅的老人较多，绿篱一般不应超过 90 厘米，以免影响视线和交流。

考虑到老年人的心理特征，敬老院的建筑宜采用清新、明快、温暖的色调。

绿化时应尽量选择具有消毒杀菌、吸尘、减噪功能或颜色清新亮丽、能够分泌芳香物质的树种，如表 8－2。

表 8－2　绿化可选择的植物种类

	可选择的种类
乔木	白皮松、杜仲、碧桃、雪松、桉树、梧桐、泡桐、腊梅、白玉兰、稠李、橘树、香樟、银杏、悬铃木、国槐、山核桃、元宝枫、桑树等
花灌木	栀子、丁香、茉莉、米兰、含笑、紫薇、杜鹃、牡丹、珍珠梅、大叶黄杨、玫瑰、桂花、矮紫衫、小叶黄杨、金银木等
草花地被	薄荷、万寿菊、石竹、酢浆草、半支莲、凤仙花、一串红等

三、村委会绿化

村委会是村庄的行政中心，一般处于村庄较中心的位置。村委会体现着村庄的形象，因而其景观设计非常重要，应给予高度重视。

总的来说，村委会绿化设计应力求亲切、大方、美观、实用。

可在建筑附近适宜的地方设置座椅等休息设施，采用冠大阴浓的落叶乔木进行绿化，以方便前来办事的人作短暂休息；也可将花架与座椅结合设置，种植美国凌霄、紫藤等，夏日里为休息的村民遮阴。

根据情况布置花坛，栽植草本或木本花卉。栽植草本花卉时，宜选择花色鲜艳、花期一致且较长的花卉，多按照中间高、四周低的形式布局。南方可用美人蕉、苏铁、棕榈等作为中心部位的材料；中层用金盏菊、一串红、百日菊等；外层用美女樱、半支透、秋海棠等。栽植木本花卉时，也要选择观赏季节较长的花卉，如花坛中间种植普通月季品种，外围用丰花月季、大叶黄杨镶边，达到四季有绿、三季有花的效果。

村委会外围进行绿化时，可在外围栽植高大乔木，如加杨、垂柳、泡桐、梧桐等，院内空地留出一定面积的停车场和活动空间，其他地面可用草花地被覆盖，如二月兰、半支透、蒲公英、美女樱等，其间孤植、散植、片植一些观赏价值较高的灌木、小乔木，如石榴、桂花、山茶、木槿、紫薇、云杉、龙柏等，力求整个平面布局端正雅致又富有生气。

第九章　村庄坑塘河道整治

第一节　村庄坑塘河道改造

一、坑塘河道定义和必要性

坑塘是指人工开挖或天然形成的积水洼地，包括养殖、种植塘和湖泊、河渠形成的支汊水体等。坑塘比池塘的范围更广，且封闭的坑塘更需要改造成水体循环的水面。河道是指流经村庄聚居点的自然或人工河道。

村庄坑塘河道水系是乡村重要的自然景观元素，同时也是乡镇文化景观的有机组成部分。整治村庄坑塘河道水系对于优化农村生活空间，促进社会主义新农村建设具有重要意义。从农业和农村发展趋势看，农业和农村要实现现代化，农村生活要逐步达到文明化，以水为重点的环境综合整治是重要的一环。过去较长的一段时间，村庄坑塘河道水系作为农村水利的一个方面，较多关注引水灌溉、防洪排涝等群众的基本需求，较多偏重水安全，很少兼顾水生态，更少考虑或基本不考虑水文化。

二、坑塘河道主要问题

目前，村庄坑塘河道存在的问题很多，可归结为五大类。

（一）村庄建设挤占坑塘河道

村庄的建设常常挤占坑塘河道，造成许多坑塘河道被“挤窄”，部分被水泥板覆盖，使坑塘河道空间减小，水面缩窄，行洪蓄洪能力降低，生态修复能力下降。同时，坑塘河道整治时的“拆迁”成为最头疼的难题。

（二）洪水冲损岸堤破坏村庄

挤窄后使得水面急剧缩减，行洪断面不足，河道堤岸易被冲损破坏而导致决口，淹没农田、鱼池，损毁房屋，严重影响村庄经济发展和生态环境保护。

（三）垃圾淤积河道

随着农民生活水平的提高，农村生活垃圾也变得越来越复杂，垃圾造成的公害也越来越让人们担心。表现为：生活垃圾回收处理不到位，导致大量垃圾进入坑塘河道，枯水季节“淤积”堵塞坑塘河道，洪水到来时其行洪蓄洪能力受到影响。

（四）河水变质产生污臭

在农村没有完备的污水收集处理系统之前，坑塘河道仍然承担着排放生活污水的功能，这使得坑塘河道的水质普遍变得“污臭”，影响居住生活环境。虽然国家提倡和扶持农村污水处理设施建设，并要求污水处理尽可能达标排放，但实际污水处理量还极少，农村的水环境质量状况不容乐观。

（五）硬质铺装阻断生态交换

人们常用的硬质铺装能起到隔离污水渗透的作用，然而，对被“隔绝”了的坑塘河道存在负面影响，如果水系与土地及其他生态环境相分离，地下水与地表水的交换被阻断，生物的生存环境被破坏，削弱坑塘河道生态自然修复功能，失去自净能力，丧失坑塘河道生态多样性，加剧水污染程度。

三、坑塘河道生态化综合治理技术路线

对于治理坑塘河道的主要问题——挤、冲、淤、臭、费、绝，没有百病皆治的灵丹妙药，较好的办法是“综合治理”。

综合——工程措施与非工程措施、传统改造技术和生态化技术多管齐下。

治理——整治、修复和保护多方并举。

坑塘河道生态化综合治理，应按照生态水利的指导方针，围绕生态水利建设追求的目标，运用工程措施、净化措施、社会措施

（非工程措施）等一切手段，并因地制宜采用科学适用的技术。坑塘河道改造的基本前提是要有水，俗话说“流水不腐”，重点在保持水体的循环流动。

针对不同地区的村庄，坑塘河道改造的内容应有所侧重。例如：富水流域，重点是防止丰雨引发的洪水及其他自然灾害和枯水季节的营养化水体污染。缺水流域，重点是保持常年流水，以及防治坑塘河道的挤窄、冲损、淤积、污臭、隔绝问题。山区，重点是防洪和蓄水相结合，退耕还林，搞好水土保持。丘陵，重点是长藤（河、渠）结瓜（塘、库），搞好水土保持。平原，重点是解决旱与涝，还要防止次生盐碱化。滨海，重点是修筑台田、引水洗盐、深沟排涝，发展水产养殖和种植耐碱速生植物。

治理目标：坑塘河道生态化。

治理方针：重视生态水利建设，尽早开展坑塘河道改造。

治理原则：水系综合规划宏观控制，集成技术微观支撑。

治理策略：统筹水系、综合规划、多寡调剂、流水不腐。

先后顺序：有钱早干、没钱晚干、不能不干、鼓励先干。

治理办法：

——规划先行：调整河势、长藤结瓜、流水不腐、水体净化；

——工程措施：优化设计、堤岸建设、截污控源、扩容补水；

——净化措施：植物净化、动物净化、生物净化、综合净化；

——社会措施：加强宣传、公众参与、开源节流、发展水利。

四、坑塘河道使用功能分类及要求

坑塘河道应保障使用功能，满足村庄生产、生活及防灾需要。严禁采用填埋方式废弃、占用坑塘河道。坑塘使用功能包括旱涝调节、渔业养殖、农作物种植、消防水源、杂用水、水景观及污水净化等，河道使用功能包括排洪、取水和水景观等。

应根据自然条件、环境要求、产业状况及坑塘现有水体容量、水质现状等调整和优化坑塘功能，并应符合下列规定：

（1）临近湖泊的坑塘应以旱涝调节为主要功能，兼顾渔业养殖功能；邻近村庄的坑塘应以消防备用水源、生活杂用水为主要功能；邻近村庄集中排污方向的坑塘宜优先作为污水净化功能使用。

（2）坑塘功能调整不应取消和降低原有坑塘旱涝调节功能。

（3）河道整治不应改变原有功能，应以维护河道行洪、取水功能为主要目的。已废弃坑塘在满足有关规定的情况下，可采取拆除障碍物、清理坑塘、疏浚坑塘进出水明渠、改造相关涵闸等措施，恢复其基本使用功能。

五、坑塘河道改造对象界定及适用条件

（一）改造对象界定

村庄内部的坑塘河道与人居环境密切相关，近些年村庄内部的水体和沿岸环境日趋恶化，严重影响公共卫生和村容村貌，是村庄整治的重点内容之一。

（1）坑塘改造对象主要指村庄内部与村民生产生活密切关联，有一定蓄水容量的低地、湿地、洼地等，包括村内养殖、种植用的自然水塘，也包括人工采石、挖砂、取土等形成的积水低地。

（2）河道整治对象主要指流经村内的自然河道和各类人工开挖的沟渠。

（二）适用条件

当坑塘河道存在下列情况时，应根据当地条件进行整治：

（1）坑塘河道使用功能受到限制，影响村庄公共安全、经济发展或环境卫生。

（2）废弃坑塘土地闲置，重新使用具有明显的生态、环境或经济效益。

第二节　村庄水系规划

一、村庄水系规划原则

（一）提高水系的统筹协调

村庄水系是流域水系的重要组成部分，对村庄水系、水面的改

造和建设，必须与流域水系相协调，以确保流域性或区域性水系在村庄范围内保持水流的畅通和行洪的安全。

（二）回归坑塘河流自然本色

田园风光、河流之美不在其水量多少，而在其动人之态。要尽量保持河流自然本色，杜绝或减少圬泥护堤、衬底，多用和推广生态护岸，并运用自然的乡土植被和沙砾修筑，保持一定量的底泥，既给人以视觉上的美感，又能植树种草，为鱼类和其他水生生物的生存提供场地，体现水体的自然景观，使其具有较强的截污、净化功能和鲜活的生命力。同时，充分发挥坑塘河道的综合功能，使农村水环境重新成为各类水生植物、鱼类游乐栖息的“乐园”，又能实现“水清、河畅、岸绿、景美”的美好景象。

（三）尊重自然生态及多样性原则

在村庄水系规划中，尽量减少对自然坑塘河道的开挖与围填，避免过多的人工化，以保持水系的自然特性和风貌。同时，遵循水的自然运行规律，并依据景观生态学原理，模拟水系的自然生态群落结构，以绿化植物造景为主体，营造自然的富有生趣的滨水景观，构建丰富多样的生态环境，充分发挥坑塘河流在保护生态平衡、调节气候等方面的综合作用，实现村庄水系的可持续发展。

（四）重塑滨水岸线体现人文关怀

以生态为主线，统筹环境保护、休闲、文化及感知需求来启动村庄水系的规划建设。更加注重水系生态修复，更加突出景观设计，尽显回归自然、恢复生态、以人为本、人水相亲、和谐自然的理念。以生态绿化景观作为为主，培植乔、灌、草立体绿化，适当造型，丰富景观变化。在南国就要有南国水乡的风情，在北方就要有北方村落的特色，流经农村时就该有农村的风景，流经集镇的部分就该有集镇的特色。通过规划建设村庄连续通畅的滨水林荫道、散步道及休闲设施，将坑塘河道景观与周围环境有机地融为一体，为村民创造一个心情舒畅的生活、休闲、栖息环境。

二、村庄水系规划步骤

（一）搜集村庄基础资料

搜集资料，调查研究，是编制规划方案的基础。村庄水系规划中所需的资料，归纳如下：

（1）村庄整治对水系的内在要求；水利、环保、卫生、农业等部门对水系利用及保护的基本要求。

（2）村庄内外坑塘、河道等水系的现有情况，并绘制水系现状图；调查分析现有水系中存在的主要问题及薄弱环节。

（二）构建村庄水系规划方案

在掌握原始资料基础上，着手考虑水系规划方案，并绘制方案草图，估算工程造价，分析方案优缺点。

（三）绘制村庄水系规划图和编写简要说明

当水系规划方案确定后，绘制村庄水系规划图，图上标明水系中的坑塘河道功能、控制标准、大小，以及村庄水系的进出口位置、水位控制等信息。图上未能表达的内容可采用文字简要说明。

三、村庄水系规划主要内容

（一）现状水系评价

主要阐述村庄及其周边坑塘、河道等水系的详细情况，并对水系的现状进行定量或定性的评价。

（二）水系总体布局方案

在保障行洪功能和水系畅通的前提下，结合村庄总体规划布局，重点解决村庄引水、排水、水质保护、景观效果等问题。规划内容主要包括坑塘河道的布局及配套工程设施的布局，并明确各种设施的建设规模和建设标准等要求。

（三）水系调蓄措施及运行控制

如何在保障村庄水系行洪安全的同时，维持村庄水系必要的生态环境用水及景观亲水水位，是村庄水系规划的关键。维护水系的水质是水系规划的难点。水位运行控制是充分实现水系功能的控制因素。规划内容主要包括水系调蓄的具体方案和运行控制措施。

（四）生态护岸及绿化景观

护岸是水体与陆域的交接面，其规划设计应满足提升生态环境、结构稳定安全、视觉景观美化、亲水可游等功能要求。绿化景观是为了村庄生活、生产环境的美化。规划内容主要包括生态护岸的构筑形式、堤岸物种的选择等。

（五）防洪排涝功能校核

村庄水系的安全是规划的主要目标之一，通过校核村庄水系的行洪、排涝能力，可以防止洪涝灾害的发生。

四、村庄水系规划成果要求

（一）成果总体要求

村庄水系规划的成果应达到"三个一"，即包括一本简要的规划说明书、一张整治项目及估算一览表和一套规划图纸（包括水系现状图、水系规划图）。各地可根据村庄的实际情况，对村庄水系规划的成果要求进行适当的扩展补充。

（1）规划说明书是对规划目标、原则、内容和有关规定性要求等进行必要的解释和说明的文本。

（2）整治项目及估算一览表是表达村庄水系改造的主要项目及其投资估算等内容的表格。

（3）规划图纸是表达现状和规划设计内容的图示。

（二）规划说明书

规划说明书的文字表达，应当简要、规范、通俗易懂，其主要章节应包括：

（1）村庄概况及总则，主要包括村庄自然、历史、人口和社会经济发展的特点，以及规划范围、整治目标、规划原则和规划依据等；

（2）现状水系评价；

（3）水系总体布局方案；

（4）水系调蓄措施及运行控制；

（5）生态护岸及绿化景观；

（6）防洪排涝功能校核；

（7）规划实施的措施与建议。

（三）整治项目及估算一览表

整治项目及估算一览表主要栏目包括：项目类型、工程量、投资估算、资金来源和实施时序。

（1）项目类型和工程量。将整治项目根据需要进行细分，列出工程量。

（2）投资估算。根据各整治项目的工程量，结合当地市场指导价格，估算各类项目造价和投资额。

（3）资金来源。区分不同整治项目的投资主体、资金筹措渠道和筹措方式，明确资金额和到位时间。

（4）实施时序。根据村庄现状及资金筹措情况，统筹整治项目的实施时序，明确项目的实施时间和进度安排。

（四）规划图纸

规划图纸应尽量绘制在有效的最新地形图上，主要包括村庄规划图、水系现状图、水系规划图。图纸上应显示地形和建设现状，并标注项目名称、图名、比例尺（1∶500～1∶2 000）、图例、绘制时间、规划设计单位名称和编制人员签字。规划图纸表达的内容和要求应与规划说明书一致。

（1）村庄规划图。标明村庄的总体布局，以及与水系相关的配套设施的规划信息。

（2）水系现状图。标明自然地形地貌、现状各类坑塘河道的分布、走向、大小，标明现状各类工程设施的规模等。

（3）水系规划图。标明需整治坑塘的位置和用地范围，标明需整治河道的走向和路段，标明引水等配套工程设施的位置和用地范围。

第十章 村庄给水设施整治

第一节 给水整治的基本要求

通过对村庄给水设施的整治，解决一些地方存在的高氟水、高砷水、苦咸水等饮用水水质不达标的问题以及局部地区饮用水严重不足的问题，对现有给水设施和水质处理中存在的问题进行整治，保证农民饮水安全。整治过程中应遵循以下基本要求：

1. 统筹规划，突出重点

农村给水设施整治过程要与村庄整治相结合，统筹考虑。重点整治农村居民饮用高氟水、高砷水、苦咸水、污染水等严重影响身体健康的水质问题，以及局部地区严重缺水的问题。

2. 防治结合，综合治理

划定水源保护区，加强水源地保护，防止给水水源受到污染和人为破坏。根据水源水质情况，采取相应的水质净化和消毒措施，同时加强水质检验，建立水质监测体系，保障给水安全。

3. 因地制宜，注重实效

要根据当地的自然、经济、社会、水资源等条件以及村庄发展需要，做好区域给水工程规划，加强工程可靠性和可持续性论证，水质、水量并重，合理选择水源、工程形式，确定给水规模和水质净化措施。

4. 建管并重，完善机制

农村给水设施整治，要落实管理主体责任，确保工程质量；对于整治完的给水设施，要建立验收、水质监测制度，完善管理机制，保证整治效果；要加强健康教育，宣传普及饮水安全知识，大力提倡节约用水。

第二节　给水方式整治

一、给水方式类别及优缺点

农村给水方式主要包括集中式给水和分散式给水两大类。

集中式给水是指以一个或多个居民点为单元，由水源地集中取水，经统一净化处理和消毒后，通过输配水管网送到用户或者公共取水点的给水方式，如图 10－1 所示。

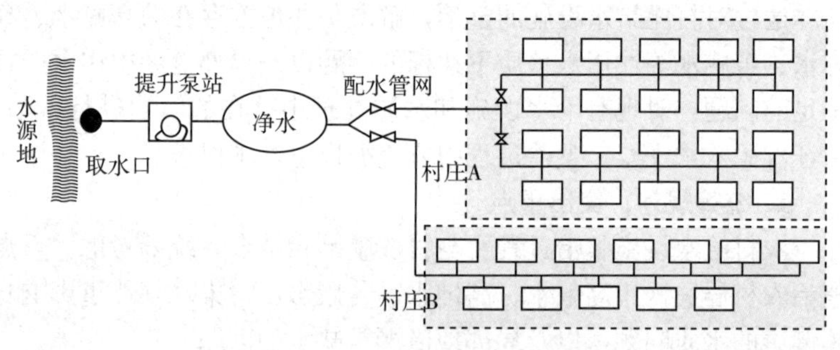

图 10－1　集中式给水方式示意图

分散式给水是指以一户或几户为单元的给水方式，主要包括手动泵、引泉池和雨水收集等单户或联户分散式给水方式（表 10－1）。

表 10－1　不同给水方式的优缺点

给水方式	集中式给水	分散式给水
优点	水量、水质保证率高、便于统一运行管理	建设灵活，一般投资较少，专业技术要求较低
缺点	专业技术要求高，制水成本相对较大	分散、不易统一管理

二、给水方式的选择

给水方式并非由农民个体自由确定，一般应由政府部门结合当地镇（乡）村规划、水源条件、地形条件、能源条件、经济条件及技术水平等因素合理划分给水范围，综合确定给水方式。不同给水方式的适用条件见表10-2。

表10-2　不同给水方式的适用条件

适用条件	集中式给水	分散式给水
地理位置	距离城镇较近	偏远地区
水源条件	水源集中、水量充沛、水质较好	水源分散、水量较小
地形条件	平原地区	山区和丘陵地区
用户统计	居民点集中	居民点分散
经济条件	相对发达地区	相对贫困地区

给水范围和给水方式应根据区域的水资源条件、用水需求、地形条件、居民点分布等进行技术经济比较，按照优质水优先保障生活饮用和运行成本合理及便于管理的原则确定。

距离城镇给水管网较近、条件适宜时，应选择管网延伸给水，纳入到城镇给水系统中。

水源水量充沛，在地形、管理、投资效益比、制水成本等条件适宜时，应优先选择适度规模的联村或联片集中给水方式。

水源水量较小，或受其他条件限制时，可选择单村集中给水方式。

确无好水源，或水量有限，或制水成本较高、用户难于接受时，可分质给水。

无条件建设集中给水工程的农村，可根据当地村庄整治的具体情况和需要，选择手动泵、引泉池或雨水收集等单户或联户分散给水方式。

三、给水方式整治方法

目前我国农村给水尚缺乏整体的统筹规划，部分村庄给水方式选择不合理，与当地实际情况结合不够紧密，需要进行整治。

给水方式整治方法：

（1）结合村庄整治总体规划，从地理位置、水源条件、地形条件等方面对原有给水方式进行评估；

（2）根据给水方式的适用条件及选择原则，重新确定给水方式。符合上水条件和要求的给水方式予以保留，否则进行调整。

第三节　水源整治

农村给水工程的水源类型较多，水源选择最主要的条件是水源的水量、水质和卫生防护条件。水源选择恰当，不但可以保证水量充足，水质安全卫生，而且可以简化净水处理工艺，降低工程投资与制水成本，便于管理和进行卫生防护。水源是农村给水工程整治的重点内容之一。

一、水源类型及特点

给水水源分为两大类：一类是地表水源，如江、河、湖、水库、山溪等。地表水源水量充沛，可满足较大用水量的需要；一类是地下水源，如上层滞水、潜水、承压水、泉水等。

（一）地表水

山溪水：水量受季节和降水的影响较大，一般水质较好，浊度较低，但有时漂浮物较多。

江河水：易受“三废”（废水、废气、废渣）及人为的污染，也受自然与人为因素的影响，有时水中悬浮物和胶体物质含量多，浊度较高，需作处理。

湖泊、水库水：主要由降水和河水补给。水质与河水相近，但因水体流动小，经自然沉淀，浊度较低。然而含藻类较多，水质容易变差。

（二）地下水

上层滞水：一般分布范围不大，水量较小，且受当地气候影响，随季节变化大，水质易受污染，不宜作为引用水源。

潜水：分布普遍，一般埋藏较浅，易开采。根据含水层性质的不同，水量差异很大。水位和水量随当地气象因素影响而变化，水质易受污染。

承压水：一般埋藏较深，含水层富水性较好，水量丰富。水位和水量较稳定，受当地气象影响不显著。不宜受污染，水质较好，一般硬度较高。

泉水：下降泉由上层滞水或潜水补给，水量、水质随季节而变化；上升泉由承压水补给，水量、水质较稳定，随季节变化小。

二、水源选择

选择给水水源，首先应满足水质良好、水量充沛、便于防护的要求。一般可优先选用水质良好的地下水，其次是河、湖、水库水。对于水源极度缺乏的地区，也可收集雨水作为水源。有多个水源可供选择时，应通过技术经济比较确定，并优先选择技术条件好、工程投资低、运行成本低和管理方便的水源。

（1）采用地下水作为生活饮用水水源时，水质应符合《地下水质量标准》（GB/T 14848）的规定；采用地表水作为生活饮用水水源时，水质应符合《地表水环境质量标准》（GB 3838）的规定；水源水质不能满足上述要求时，应采取必要的处理工艺，使处理后的水质符合《生活饮用水卫生标准》（GB 5749）的规定。

（2）采用地下水作为给水水源时，取水量应小于允许开采量；用地表水作为给水水源时，其设计枯水流量的年保证率宜不低于90%。当单一水源水量不能满足要求时，可采取多水源给水或增加调蓄等措施。

（3）有地形条件、可重力引水时，宜优先考虑以高地泉水、高位水库等作为给水水源。

三、水源保护

近些年，随着我国广大农村地区经济社会的发展，部分地区给水水源受到了不同程度的污染，严重威胁到广大农民的饮水安全。

因此水源保护是水源整治的重点内容之一，各地相关管理部门应给予高度的重视。

生活饮用水的水源，必须建立水源保护区。保护区严禁建设任何可能危害水源水质的设施和一切有碍水源水质的行为。饮用水源保护区的划分应符合现行行业标准《饮用水水源保护区划分技术规范》（HJ/T 338）的规定，并应符合国家及地方水源保护条例的规定。

（一）地下水源保护

地下水水源保护应符合下列规定：

（1）地下水水源保护区和井的影响半径范围应根据水源地所处的地理位置、水文地质条件、开采方式，开采水量和污染源分布等情况确定，单井保护半径应大于井的影响半径且不小于 50 米。

（2）水源井的影响半径范围内，不应开凿其他生产用水井。保护区内不应使用工业废水或生活污水灌溉和施用持久性或剧毒农药；不应修建渗水厕所、废污水渗水坑，堆放废渣、垃圾或铺设污水渠道；不得从事破坏深层土层的活动。

（3）雨季应及时疏导地表积水，防止积水入渗和漫溢到水源井内污染水源。

（4）渗渠、大口井等受地表水影响的地下水源，防护措施应遵照地表水水源保护要求执行。

（二）地表水源保护

地表水水源保护应符合下列规定：

（1）水源保护区内不应从事捕捞、网箱养鱼、放鸭、停靠船只、洗涤和游泳等可能污染水源的任何活动，并应设置明显的范围标志和禁止事项的告示牌。

（2）取水点上游 1 000 米至下游 100 米的水源保护区内，不应排入工业废水和生活污水；其沿岸防护范围内，不应堆放废渣、垃圾，不应设立有毒、有害物品仓库及堆栈；不得从事放牧等可能污染该段水域水质的活动。

（3）水源保护区内不得新增排污口，现有排污口应结合村庄排水设施整治予以取缔。

（4）输水渠道、作预沉池（或调蓄池）的天然池塘，防护措施与上述要求相同。

（三）水源保护区标志

水源保护区标志牌的设置原则及样式详见国家环境保护部颁布的《饮用水水源保护区标志技术要求》（HJ/T 433—2008）。

四、水源整治方法

目前我国农村部分给水工程仍存在水源选择不合理，水源保护措施不够完善等问题，需要进行整治。

（一）水源选择

（1）结合当地水源类型、位置等具体情况，从水质条件、水量、饮水方便程度及给水保证率等方面对原有水源进行评价。

（2）根据评估结果及水源选择原则确定水源。

（二）水源保护整治

（1）设立水源保护区及标志牌。

（2）根据水源保护规定进行检查。

（3）弄清楚水源保护区内的污染源。

（4）对任何可能污染水源水质的行为和设施进行整治。

（5）加强教育，提高农民水源保护意识。

第十一章　村庄排水设施与污水处理

第一节　村庄排水类型与污水处理技术

一、村庄排水类型及其特征

村庄排水主要是指农村居民在生活和生产过程中排放的污水和被污染的雨水，其排放特征和水质水量各不相同。

（一）生活污水

农村生活污水是指农村居民在日常活动中排放的污水，包括厨房污水、洗浴污水和厕所污水等。由于农村人口密度低、居住分散、日常活动独立，因此生活污水具有水量小、分散、排放无规律、水质水量日变化系数大等特征。

厨房污水是指在洗菜、烧饭、刷锅和洗碗等过程中排放的污水。厨房污水中油和有机物含量较高。

洗浴污水是指在洗澡、洗衣和洗染等过程中排放的污水。洗浴污水含有洗涤剂。

厕所污水即冲厕污水，包括粪便和尿液，除含有高浓度的有机物、氮和磷等外，还可能含有致病微生物和残余药物，给人体健康带来一定的风险。

生活污水按颜色可划分为灰水和黑水。灰水中有机物浓度较低，且大部分易于生物降解，如洗浴污水等；黑水中污染物浓度较高，如厕所污水等。灰水的净化相对比较容易，处理后的出水可作多种用途回用，如冲厕、清洁、绿化和农田灌溉等。黑水中粪便有机物含量高，可将其转化为沼气；尿液含有大量的氮和磷等营养物质，可用于生产肥料。处理黑水的过程中应加强对病原微生物的去除或灭活。

（二）生产污水

农村生产污水是指农村居民在畜禽养殖、农产品种植与加工等生产过程中排放的污染物浓度相对较高的污水。农村生产污水不包括坐落于村镇的工业企业生产过程中排放的污水，以及施用化肥农药等造成的农业面源污染。

畜禽养殖饲料含有抗生素、生长激素和重金属离子等特殊成分，导致畜禽养殖污水与生活污水呈现不同的水质特征。畜禽养殖污水中除含有大量有机物和氮磷等营养物，还含有某些持久性有机污染物、重金属离子、病原微生物等，畜禽养殖污水中的有机物可转化为沼气；在重金属离子等有毒有害物质的含量符合农用标准时，污水中的氮磷等营养物可生产肥料。

（三）被污染的雨水

被污染的雨水主要是指初期雨水。在降雨初期，由于空气中污染物转移和地面的各种污染物冲刷，雨水被污染的程度很高。雨水中污染物的浓度随着降水持续时间的延长而降低并趋于稳定。为减少成本和降低对污水处理设施的负荷，处理尽可能多的污染物，通常只需对初期雨水进行收集和处理。

初期雨水水质较复杂，与村庄的环境状况有关，主要污染物包括有机物、氮和磷等，其浓度较高且主要以固体颗粒物的形式存在。因初期雨水瞬时流量大，其处理前宜收入雨水调节池。初期雨水处理后出水可回用于家庭清洁、浇灌绿地和农田灌溉等。

二、村庄污水处理技术和模式

（一）村庄污水处理技术

村庄污水处理技术按原理可以分为物化处理技术、生物处理技术和生态处理技术。

1. 物化处理技术

物化处理技术包括物理处理技术和化学处理技术。物理处理技术是指利用物理作用分离污水中呈悬浮状态的固体污染物质；化学处理技术是指利用化学反应处理污水中处于各种形态的污染物质。

物化处理技术的特点是处理效果好、运行稳定、受温度等外部环境影响小等。适合村庄污水处理的物化技术有沉淀、过滤、混凝、吸附和消毒等。

2. 生物处理技术

生物处理技术是指利用微生物的代谢作用，使污水中呈溶解态或胶体态的有机污染物转化为稳定的无害物质。生物处理技术的特点是维护成本低、操作简便、应用范围广等。适合村庄污水处理的生物技术有化粪池、沼气池、氧化沟、生物接触氧化池、生物滤池等。

3. 生态处理技术

生态处理技术是指利用土壤等介质过滤、植物吸收和微生物分解的原理，去除污水中的有机物、氮和磷等营养物质。生态处理技术的特点是投资省、维护成本低、能耗少、美化环境等。适合村庄污水处理的生态技术有生态滤池、人工湿地、稳定塘、土地渗滤、亚表层渗滤等。

（二）村庄污水处理模式

首先根据处理规模将村庄污水处理划分为单户规模、多户规模和村庄规模，然后根据当地的水环境要求和技术经济条件选择适合的处理技术。

第二节　村庄排水系统

一、村庄排水现状与特点

村庄排水工程是村庄基础设施的重要组成部分，包括农村污水、雨水排水系统、污水处理系统和污水循环再利用系统。村庄排水问题应首先解决卫生问题，其次是与城乡发展相关的环境问题，这两个问题需要协同考虑。村庄排水工程有如下特点：

（1）村庄排水系统应按照当地的实际情况，因地制宜。

（2）由于农村居住点分散，村镇企业的布置分散，所以村庄排水规模小且分散，排水系统要与处理方式（集中或分散）相适应。

（3）在同一居住点上，大多数居民都从事同一生产活动，生活规律也较一致，所以排水时间相对集中，污水量变化较大。

村庄排水工程建设应以批准的村镇规划为主要依据，从全局出发，根据规划年限、工程规模、经济效益和环境效益，正确处理近期与远期、集中与分散、排放与利用的关系，充分利用现有条件和设施，因地制宜地选择投资较少、管理简单、运行费用较低的排水技术，

做到保护环境，节约土地，经济合理，安全可靠。

二、村庄排水设施建设的指导原则

在距离城市很近的村落，可以考虑城乡统筹，即由城市管网辐射农村，将污水收集，并入城市管网。

在城市供水水源保护区，污水的控制可以采用集中收集与处理的方式，实施严格的污水处理排放标准。

对于分散的农村，排水系统的选择需要区分对待，根据不同的处理方式建设相应的排水设施。

农村污水处理采取以下原则：

（1）尽可能地源头分离、循环利用、全过程控制。

（2）集中与分散处理相结合，以分散处理为主，尽量采用可持续、生态型的处理系统。

（3）综合考虑面源污染控制，并与农业生产紧密结合。

（4）雨水采用分散源头削减和净化。

三、村庄排水体制的确定

村庄排水体制可分为分流制和合流制两种。村庄排水体制原则上宜选分流制。经济发展一般地区和欠发达地区村庄近期或远期可采用不完全分流制，有条件时宜过渡到完全分流制。其中条件适宜或特殊地区农村宜采用截流式合流制，并应在污水排入系统前采用化粪池、生活污水净化沼气池等方法进行预处理。

（一）分流制

用管道分别收集雨水和污水，各自单独成为一个系统。污水管

道系统专门收集和输送生活污水和生产污水（畜禽污水），雨水管渠系统专门收集和输送不经处理的雨水，如图 11-1 所示。

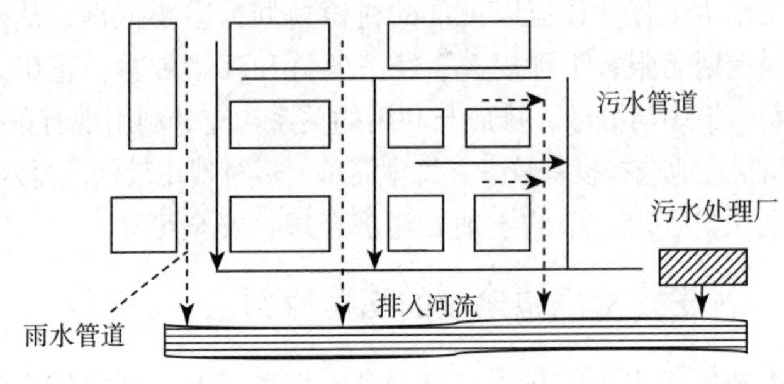

图 11-1　分流制排水系统示意图

（二）合流制

只埋设单一的管道系统来收集和输送生活污水、生产污水和雨水，如图 11-2 所示。

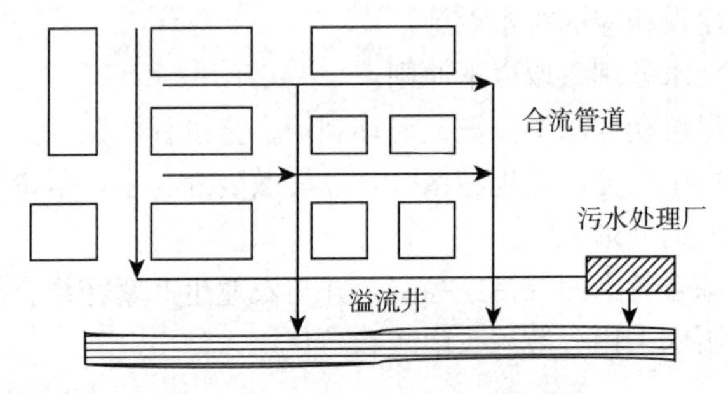

图 11-2　合流制排水系统示意图

一般农村，宜采用分流制，用管道排除污水，用明渠排除雨水。这样可分别处理，分期建设，比较经济适用。

第三节　村庄排水管渠布置

村落排水管渠的布置，根据村落的格局、地形情况等因素，可采用贯穿式、低边式或截留式。雨水应充分利用地面径流和沟渠排除，污水通过管道或暗渠排放；雨、污水均应尽量考虑自流排放。

一、村庄排水沟渠布置的原则

村庄排水沟渠规划遵循如下原则：

（1）应布置在排水区域内，地势较低，便于雨、污水汇集地带。

（2）宜沿规划道路敷设，并与道路中心线平行。

（3）在道路下的埋设位置应符合《城市工程管线综合规划规范》（GB 50289—1998）的规定。穿越河流、铁路、高速公路、地下建（构）筑物或其他障碍物时，应选择经济合理路线。

（4）截留式合流制的截留干管宜沿受纳水体岸边布置。

（5）排水管渠的布置要顺直，水流不要绕弯。

（6）排水沟断面尺寸的确定主要是依据排水量的大小以及维修方便、堵塞物易清理的原则。通常情况下，户用排水明沟深宽 20 厘米×30 厘米，暗沟为 30 厘米×30 厘米；分支明沟深宽为 40 厘米×50 厘米，暗沟为 50 厘米×50 厘米；主沟、明沟和暗沟均需 50 厘米以上。为保证检查维修清理堵塞物，每隔 30 米和在主支汇合处设置一个口径大于 50 厘米×50 厘米、深于沟底 30 厘米以上的沉淀井或检查井。

（7）排水沟坡度的确定以确保水能及时排尽为原则，平原地带排水沟坡度一般不小于 1%。

（8）无条件的村庄要按规划挖出水沟；有条件的要逐步建设永久沟，材料可以用砖砌筑、水泥砂浆抹面，也可以用毛石砌筑、水泥砂浆抹面。沟底垫不少于 5 厘米厚的混凝土。条件优越的地方可用预制混凝土管或现浇混凝土。

二、村庄排水管渠设计

（一）村庄排水管渠设计原则

（1）有条件的村庄可采用管道收集、排放生活污水。

（2）排污管道管材可根据地方实际选择混凝土、塑料管等多种材料。

(3) 污水管道依据地形坡度铺设，坡度不应小于0.3%，以满足污水重力自流的要求。污水管道应埋深在冻土层以下，并与建筑外墙、树木中心间隔1.5米以上。

(4) 污水管道铺设应尽量避免穿越场地，避免与沟渠、铁路等障碍物交叉，并应设置检查井。

(5) 污水量以村庄生活总用水量的70%计算，根据人口数和污水总量，估算所需管径，最小管径不小于150毫米。

(二) 村庄排水管渠设计要求

(1) 村庄排水管渠最大允许充满度应满足表11-1要求。

表11-1 排水管渠最大允许设计充满度

管径或渠高（毫米）	最大设计充满度	管径或渠高（毫米）	最大设计充满度
200～300	0.55	500～900	0.70
350～450	0.65	≥1 000	0.75

(2) 村庄排水管设计流速：

污水管道最小设计流速：当管径不大于500毫米时，为0.9米/秒；当管径大于500毫米时，为0.8米/秒。

污水管道最大允许流速：当采用金属管道时，最大允许流连为10米/秒；非金属管为5米/秒；明渠最大允许流速可按表11-2选用。

表11-2 明渠最大允许流速

明渠类别	最大设计流速（米/秒）	明渠类别	最大设计流速（米/秒）
粗砂或低塑性粉质黏土	0.8	干砌块石	
粉质黏土	1.0	浆砌块石或浆砌砖	2.0
黏土	1.2	石灰岩和中砂岩	3.0
草皮护面	1.6	混凝土	4.0

注：当水流深度在0.4～1.0米范围以外时，表列最大设计流速宜乘以下列系数：水深＜0.4米时，取0.85；1.0＜水深＜2.0米时，取1.25；水深＞2.0米时，取1.40。

(3) 村庄排水管渠的最小尺寸：

建筑物出户管直径为125毫米，街坊内和单位大院内为150毫米，街道下为200毫米。

排水渠道底宽不得小于0.3米。

村庄排水管渠的最小坡度：当充满度为0.5时，排水管道应满足表11-3规定的最小坡度。

表11-3　不同管径的最小坡度表

直径（毫米）	最小坡度	直径（毫米）	最小坡度
125	0.010	400	0.002 5
150	0.002	500	0.002
200	0.004	600	0.001 6
250	0.003 5	700	0.001 5
300	0.003	800	0.001 2

村庄雨水排放可根据村落的地形等实际情况采用明沟和暗渠方式。排水沟渠应充分结合地形以便雨水及时就近排入池塘、河流或湖泊等水体。

排水沟的纵坡应不小于0.3%，排水沟渠的宽度及深度应根据各地降雨量确定，宽度不宜小于1 500毫米，深度不小于120毫米。排水沟的断面形式如图11-3所示。

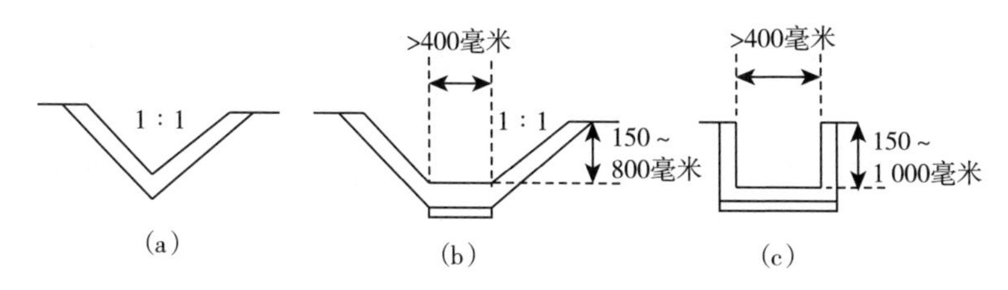

图11-3　排水沟渠断面形式

(a) 三角沟；(b) 梯形沟；(c) 矩形沟

排水沟渠砌筑可根据各地实际选用混凝土或砖石、鹅卵石、条石等地方材料。

应加强排水沟渠日常清理维护，防止生活垃圾、淤泥淤积堵塞，保证排水通畅，可结合排水沟渠砌筑形式进行沿沟绿化。

南方多雨地区房屋四周宜设排水沟渠；北方地区房屋外墙外地面应设置散水，宽度不宜小于0.5米，外墙勒脚高度不低于0.45米，一般采用石材、水泥等材料，新疆等特殊干旱地区房屋四周可用黏土夯实排水。

（三）检查井布置

在排水管渠上必须设置检查井，检查井在直线管渠上的最大间距应按表11-4确定。

表11-4　检查井直线最大距离

灌渠类别	管径或暗渠净高（毫米）	最大间距（米）
污水管道	<700	50
	700～1 500	75
	>1 500	120
雨水灌渠和合流灌渠	<700	75
	700～1 500	125
	>1 500	200

（四）村庄排水受纳水体

村庄排水受纳水体应包括江、河、湖、海、水库、运河等受纳水体和荒废地、劣质地、山地以及受纳农业灌溉用水的农田等。

污水受纳水体应满足其水域功能的环境保护要求，有足够的环境容量；雨水受纳水体应具有足够的排泄能力或容量；受纳土地应具有足够的环境容量，符合环境保护和农业生产的要求。

第四节　村庄排水灌渠运行维护管理

一、排水管渠系统的养护与管理的任务

排水管渠系统的养护与管理工作的主要任务有以下几个方面：

验收排水管渠；

定期进行管渠系统的技术检查；

经常检查、冲洗或清通排水沟渠，以维持其通水能力；

维护管渠及其构筑物，并处理意外事故等。

排水管渠内常见的故障有：污物淤塞管道，过重的外荷载，地基不均匀沉陷或污水的侵蚀作用，使管渠损坏、裂缝或腐蚀等。

二、排水管渠的清通方法

在排水管渠中，往往由于水量不足，坡度较小，污水中固体杂质较多或施工质量不良等原因而发生沉淀、淤积，淤积过多将影响管渠的通水能力，甚至使管渠堵塞。因此，必须定期清通。清通的方法主要有水力方法和机械方法两种。

（一）水力清通

水力清通方法是用水对管道进行冲洗。可以利用管道内污水自冲，也可利用自来水或河水。用管道内污水自冲时，管道本身必须具有一定的流量，同时管内淤泥不宜过多（20%左右）。用自来水冲洗时，通常从消防龙头或街道集中给水栓取水，或用水车将水送到冲洗现场，一般在住区内的污水支管，每冲洗一次需水约2～3吨。

水力清通方法操作简便，工效较高，工作人员操作条件较好。根据我国一些地方的经验，水力清通不仅能清除下游管道250米以内的淤泥，而且在150米左右上游管道中的淤泥也能得到相当程度的刷清。

（二）机械清通

当管渠淤塞严重，淤泥已黏结密实，水力清通的效果不好时，需要采用机械清通方法。机械清通的动力可以是手动，也可以是机动。人工清污方法不仅劳动强度大，工作进度慢，而且工作环境差，也不卫生。管道清污车、管道清通机器人是先进的清理机械，清理效果好，符合工作要求。

三、排水管渠的养护安全事项

管渠中的污水通常能析出硫化氢、甲烷、二氧化碳等气体，某些生产污水能析出石油、汽油或苯等气体，这些气体与空气中的氮混合能形成爆炸性气体。煤气管道失修、渗漏也能导致煤气溢入管渠中造成危险。

排水管渠的养护工作必须注意安全。如果养护人员要下井，除应有必要的劳保用具外，下进前必须先将安全灯放入井内：如有有害气体，由于缺氧，灯将熄灭；如有爆炸性气体，灯在熄灭前会发出闪光。在发现管渠中存在有害气体时，必须采取有效措施排除，即使确认有害气体已被排除，养护人员下井时仍应有适当的预防措施。例如，在井内不得携带有明火的灯，不得点火或抽烟，必要时可佩戴附有气袋的防毒面具，穿上系有绳子的防护腰带，井上留人，以备随时给予井下人员以必要的援助。

第十二章　村庄厕所改造

第一节　村庄厕所改造要求

根据当地的气候、地形地貌、农业生产方式、民俗生活习惯、经济条件、疾病流行特征和农户用肥习惯，合理选择确定无害化卫生厕所的类型与实施技术。农村无害化卫生厕所的建造要符合国家《农村改厕技术规范》(试行)、《农村户厕卫生规范》(GB 19379—2012)、《粪便无害化卫生要求》(GB 7959—2012)，保证质量，做到卫生、安全、方便、实用。

有完整给排水设施的村庄，优先使用水冲式厕所；无完善给排水系统的农户，可选用三格式、双瓮式厕所；干旱、缺水和寒冷地区可使用双坑交替式厕所；养殖大禽畜农户选用三联式沼气池式厕所。有水冲条件且房屋结构、面积适宜设置室内厕所的农户，宜将厕所移至室内。农户可结合厕所设置洗澡间，洗澡废水及其他生活污水排入村庄污水管网。

在具备给排水条件、城镇化程度较高、居民集中的地区宜选择修建完整下水道水冲式厕所。可按《住宅设计规范》的要求，将户厕建在室内，可解决防冻问题。选择修建完整下水道水冲式厕所必须选择有污水处理厂的地区，并具有完整下水道系统，即通过下水管道最终排入城镇污水处理厂；城镇周边或已建立污水集中处理设施的村庄，推荐纳入污水集中处理；新建中心村、农村新民居推荐建造完整下水道水冲式厕所。

为防止冬季水冲厕所上冻，可安装水箱，在水箱内安装加热管，在外部包裹保温棉（板），防止冲厕水冻结；大便池采取高压冲水、自动关闭闸板的设计，防止透风透味；厕所墙体采取保温材料，安装电热板、空调和换气扇，保证室内冬暖夏凉，通风换气。

对往年容易封冻和铺设较浅的厕所给水管道进行重新挖掘铺设，填充保温珍珠岩、包裹水管保温泡棉等进行防冻处理，并对厕所取暖设备进行维护，确保冬季正常运行。

已建新厕的地区，应及时将旧厕封填，防止农户继续使用。新建卫生厕所要加强卫生管理，达到干净、清洁的要求。洗衣、洗澡、清洁等污水不得排入双瓮、三格、三联沼气的户厕化粪池。北方高寒地区省份不得修建深坑防冻式厕所替代任何一种无害化卫生厕所，不得以双格式厕所代替双瓮漏斗式或三格化粪池式厕所。

第二节　村庄厕所改造类型

实施农村厕所改造，应坚持规划先行、因地制宜、整体推进的原则，选择经济适用的技术，确保粪便达到无害化处理。目前，厕所改造主要有以下六种形式，三格化粪池厕所、双瓮式厕所、三联通沼气池式厕所、双坑交替式厕所、粪尿分集式厕所。其中“双瓮式”“三格化粪池式”为主要推广的厕所改造形式。

各地应根据当地的气候、地形地貌、农业生产方式、生活习惯、经济条件和民俗，合理选择确定无害化卫生厕所的类型与实施技术。

（1）习惯于应用液态粪肥的地区可修建双瓮漏斗式、三格化粪池式厕所。双瓮漏斗式有压铸橡塑双瓮预制式、模具水泥整体预制式和模具现场浇筑式。三格式化粪池的建筑结构主要有砖砌式、水泥预制式和现制浇筑式等。

（2）养殖大户提倡建造三联通沼气池式厕所。三联沼气池厕所的建造主要有砖砌式、模具现场浇筑式、SMC高密度复合材料沼气池预制产品等。

（3）建有小型污水处理设施或人工湿地等生态处理系统的村庄，推荐建造三格化粪池式厕所。

（4）干燥、有草木灰的地区可选择粪尿分集式厕所。

（5）寒冷、缺水地区或坝上地区可选择双坑交替式厕所。

(6) 地下水位较高的地区，可选用现场浇筑涵管式（三格式延伸）化粪池式厕所。

(7) 山区、半山区可利用原有地形，选择双坑交替式厕所、粪尿分集式、涵管式化粪池厕所。

(8) 经营农家乐（农户）选择大（中）三格化粪池式厕所、三联通沼气池式厕所、完整下水道水冲式厕所。

(9) 节水型高压水冲装置。可与6种无害化厕所配套应用，适合于经济水平较高的农户。

第三节 村庄厕所改造主要技术

一、三格式化粪池厕所

（一）选址

厕屋可利用房屋、仓库围墙等原有墙体，以降低造价。

化粪池第三格应选方便粪肥清淘，不要选在车辆经常行走的位置，避免池体受重过大被压垮。

（二）设计要求

施工时应做好防水、防渗漏，应注意过粪管长度和安装位置。

三格化粪池可采用砖砌式、水泥预制式和现制浇筑式等，推荐使用“目”字形三格化粪池，还可选择“品”字形、“丁”字形等形式。三格化粪池容积≥1.5立方米，三格池的深度相同，不应小于120厘米；1、2、3池容积比原则为2∶1∶3。

三格化粪池的池顶要安装水泥盖板，做到既密闭，又便于清渣和取粪。第一、二池要留有出渣口，第三池要留有出粪口，便于清渣和粪液清淘。厕所使用前，应在第一池内注入清水，水位以没过粪管下端口为宜。清淘出的粪渣要经高温堆肥等无害化处理。生活和洗浴污水不得流入化粪池内。

厕所应采用成品陶瓷便器，设置回水弯管，防止散发气味。水冲设备选用分体式冲水箱或与坐便器一体式水箱，进水管道应设置保温措施，防止冬季冻裂。厕所可与洗澡间结合设置，洗澡设施宜选择电热水器。可按村民意愿在厕所内部贴瓷砖，或者使用砂浆找平。厕所地面应使用防水砂浆粘贴瓷砖，也可以直接使用砂浆找平，注意排水坡度控制（图 12-1、图 12-2）。

图 12-1 厕所内部改造

图 12-2 三格式化粪池

（三）施工要求

1. 池底处理

底层整理平整后夯实，先铺 5 厘米碎石垫层，上浇 8 厘米厚混凝土，混凝土强度等级为 C15。

2. 砌化粪池与过粪管安装

按化粪池的尺寸砌周边墙体与分隔墙，分格墙砌到一定高度时，及时安装过粪管，抹好水泥再继续砌墙（图 12-2）。

3. 化粪池抹面

贮粪池内壁采用1∶3水泥砂浆打底，再用1∶2水泥砂浆抹面2次，抹面要求密实、光滑。抹面厚度为每次1厘米为宜。

4. 化粪池盖板的预制与安装

化粪池的池盖全部为钢筋混凝土盖板，厚度不少于5厘米。第一池在厕屋内的盖板要留出放置便器的口和清淘粪渣的口；第二池的盖板也要留出一个口，便于清渣和疏通过粪管；第三池盖板要留出粪口，每个口都要预留小盖。安装大盖板时要用水泥砂浆密封、口盖要盖实，防止雨水流入。

5. 安装进粪管、排气管和便器

将进粪管，从第一池盖板入口中插入粪池，并固定在盖板上，进粪管附设隔味水封的同时安装连接到位，注意连接件抹胶粘紧。将蹲（坐）便器入口套在进粪管上，固定便器，便器与脚踏板密封，为换取便器方便可不做永久密封。以便器下口中心为基础，距后墙35厘米，距边墙40厘米。

排气管直径10厘米，长度为超出预定厕房顶部50厘米以上，下口固定在第一池池盖预留孔处，待厕房盖好后固定上端。

6. 地面处理

化粪池应高于周围地面10厘米左右，防止雨水流入。化粪池周围松土要夯实；厕内地面要进行硬化处理，用1∶3水泥砂浆打底，再用1∶2水泥砂浆抹面，有利于清洗和保持清洁。不要求农户给室外厕所地面铺瓷砖，贴瓷砖虽美观，但雨雪天时瓷砖较滑，不适合农村应用。

7. 厕屋

独立构筑厕所的厕屋面积要大于1.2平方米，高度不小于2米，砌筑、抹面、贴瓷砖墙裙，屋顶预制盖板需轻体，固定排气管上端。厕屋顶部在预制板安装后应做防水处理。

安装门窗，需透气采光，有防蚊蝇纱。厕所内设置洗手设施，尽量设置小便器。

三格式化粪池厕所结构见图12-3。

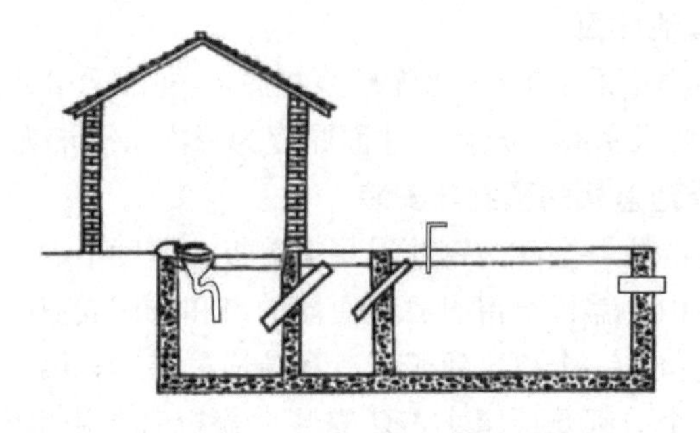

图 12-3　三格式化粪池厕所结构

二、双瓮式化粪池厕所

双瓮式化粪池结构简单、造价低廉、建造方便、保肥增效、预防疾病、清洁卫生，蝇蛆密度下降，肠道传染病发病率减少，很受农村群众的欢迎。

双瓮式化粪池安装注意以下几点：

（1）前后瓮不可反置。

（2）过粪管前端安装于前瓮距瓮底550毫米处，前端伸出瓮壁不应超出50毫米；后端安装于瓮上部距瓮底110毫米处。

（3）便器要密闭，又不可与地面瓮口粘死，以方便前瓮清渣。

（4）过粪管不可过长或过短，要在55～75厘米之间。

（5）后瓮盖密闭并高出地面10～15厘米，以防雨水灌入。

正确的使用与管理方法是：

（1）用前加水，用时控水，新建厕所用前必须往前瓮加一定量的水，深度以淹没过粪管为宜。其作用是稀释粪便，虫卵下沉，中层粪液流入后瓮，促进粪便发酵分解，阻挡前瓮蝇蛆爬到后瓮，检查瓮体是否干裂或渗漏。

（2）厕屋内应备有储水桶、水勺、便纸篓、毛刷、麻刷塞或盖板等基本设施。

（3）便器不用时一定要用麻刷塞或盖板封严，以防蝇、防蛆、防臭气，促进粪便厌氧发酵。

（4）定期清查，一般 1～2 年取下漏斗便器清淘前瓮内沉淀粪渣一次，粪渣经高温灭菌或药物处理后方可施用农田。

（5）禁止在前瓮取粪施用或把新鲜粪便倒入后瓮中。

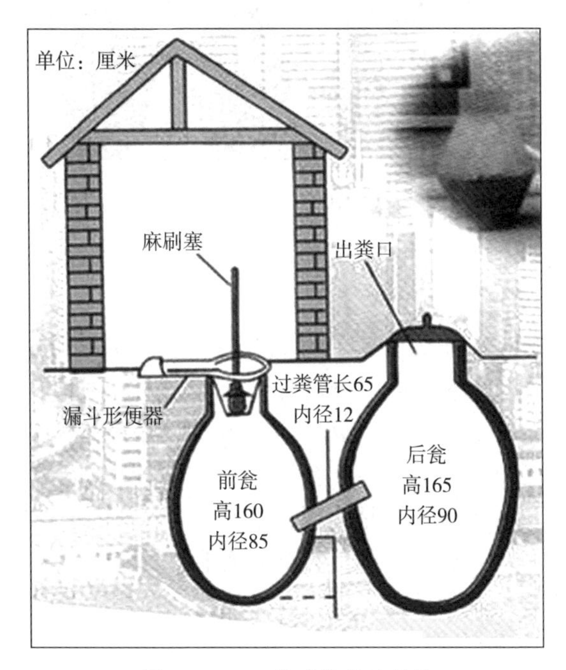

图 12－4　双瓮式化粪池结构

三、三瓮式贮粪池厕所

三瓮式贮粪池厕所是利用三格化粪池的原理，采用双瓮厕所的建造技术而设计的，可在双瓮式贮粪池的基础上增加一个瓮体，形成前、中、后三个瓮体，其贮粪池容积不小于 1.5 立方米。

原理：运用节水高压抽水装置，冲厕时，只需踩压脚踏板，装在蓄水缸内抽水机即可提水，产生高压水流，将便器中的粪便冲入化粪池中。

结构：该厕所主要由便器、抽水装置（蓄水缸、抽水机、过滤器）、双瓮或三格化粪池和厕屋组成（图 12－5）。

图 12-5　三瓮式贮粪池厕所

四、三联通沼气池式厕所

主要结构：地上部分由厕室、猪圈。地下部分主要有沼气池（由发酵间和贮气室组成）、贮粪池、水压间（出料间或溢粪口）、进粪便（料）口、进粪管、出料管、活动盖、导气管等几部分组成。为方便沼气的应用还应配套灯具、灶具。

三联通沼气池厕所应是厕所、畜圈、沼气池的三连通，施工时切实做到“一池三改”同步，人畜粪便能够直流入池，直管进料并要避免进料口的粪便裸露，出料口必须保证发酵池粪液、粪渣充分发酵后方能取淘沼液。

设计原则：按照厕所、猪圈、沼气池三联的方式，沼气池宜建在畜圈或厕所地表下，进料间与人、畜粪便入口相连通。

沼气池应保证建设质量，由持有“沼气生产工”职业资格证书的技术人员施工，“一池三改”质量符合国家和省级的有关规定。沼气池的主池选择 6 立方米、8 立方米、10 立方米等规格。重点推广“常规水压型”“曲流布料型”“强回流型”“旋流布料型”等池型。优点是化粪池容量大，能部分解决农村煮饭、照明等能源问题。缺点是施工难度大，费用高，不适宜在我国北部寒冷地区建造。

五、双坑交替式厕所

双坑交替式厕所由厕屋、2 个便器与贮粪池组成（图 12-6）。

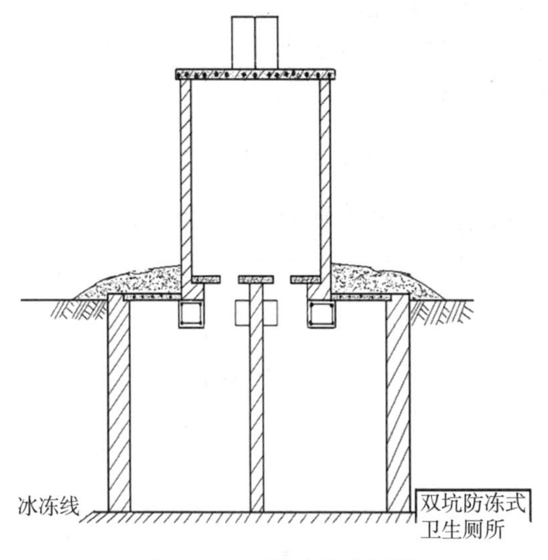

图 12-6　双坑交替式厕所

厕房：建筑面积 2 平方米以上。

贮粪坑：建于地平面上，由两个互不相通，但结构完全相同的方形厕坑组成。两坑轮换交替使用，一坑使用时另一坑为粪便封存坑。厕坑高度 600～800 毫米。每个厕坑后墙各有一个宽 300 毫米、高 300 毫米的方形出粪口，单个厕坑容积不小于 0.6 立方米。

盖板：每个厕坑上部设置一个便器（共 2 个）。便器可修建为混凝土预制盖板一体式，修建时还应考虑粪便封存阶段的封闭措施。厕坑盖板可用钢筋混凝土预制，厚度 50～60 毫米。

排气管：可用 Φ100 毫米塑料或其他管材，下端安装在厕坑上部盖板处，管体安装在厕房外墙固定，上端高度以高出厕房顶 500 毫米为宜。

使用注意事项：

（1）便后用干土覆盖，干土吸收粪尿水分并使粪尿与空气隔开。

（2）贮粪坑集中使用其中一个，待粪便贮满后，将坑封闭；同时启用另一个厕坑；该坑粪便贮满后时，封闭停用；再将第一坑粪便清淘，实现双坑交替使用。

(3) 厕坑粪便封存半年以后，可直接用做肥料；如果不足半年需清淘，应进行高温堆肥无害化处理。

六、粪尿分集式厕所

主要由粪尿分流便器分别与贮粪池和贮尿池连接组成，辅助结构为排气管和利用太阳能加热的贮粪池金属盖板（图 12-7）。

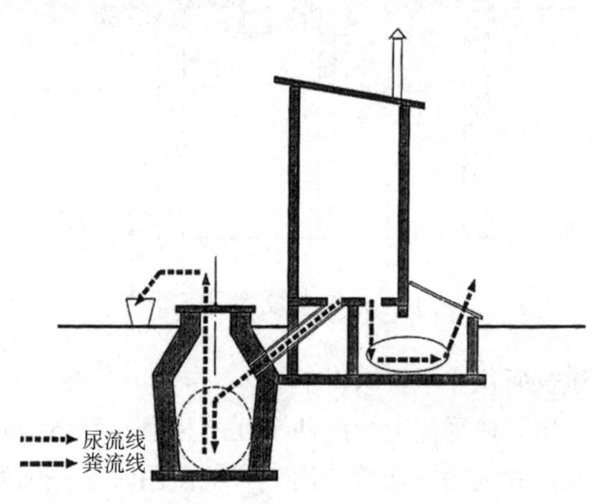

图 12-7　粪尿分集式生态厕所工艺流程示意图

(1) 设计要求：粪、尿分别收集、处理和利用。

(2) 粪便覆盖要求：粪便必须用覆盖料覆盖，促进粪便无害化。但不同覆盖料处理粪便无害化的时间有所不同，草木灰的覆盖时间不少于 3 个月，炉灰、锯末、黄土等的覆盖时间不少于 10 个月。

(3) 建造技术要求：

贮尿池：容积约为 0.5 立方米。

贮粪池：不小于 0.8 立方米，应防止渗水。

排气管：直径 100 毫米，长度高于厕屋 50～100 毫米。

吸热板（晒板）：采用沥青等防腐材料正反涂黑的金属板及水泥板，封盖严密。

第十三章　村庄规划案例

第一节　美丽乡村规划

一、村庄现状特征

柳洼村隶属河北省巨鹿县西郭城镇，位于县城西北部 13 千米处，南距西郭城镇区约 3 千米。柳洼村南距省道邢德公路 1 千米，村庄东南距邢衡高速小吕寨出口仅有 4 千米。村庄地势低洼，自东向西、自北向南略有倾斜。柳洼村属暖温带亚湿润季风性气候，具有四季分明的特点。2015 年，柳洼村户数 437 户，人口 1 279 人。从文化水平上看，村民大部分为初中文化水平。柳洼村域总面积 326.4 公顷，耕地面积 253.3 公顷。村庄以传统农业种植为主，主要有玉米、小麦、辣椒，近年种植大棚葡萄 20 公顷、露天葡萄 20 公顷，主要以春秋棚为主。村民人均纯收入 3 400 元，收入以外出务工和农业种植为主，常年外出人员有 200 左右，多为季节性，去石家庄、邢台市、巨鹿县城打工。

二、规划思路

村庄整治规划项目采取规划与策划、规划与设计相结合的思路，改变以往重形象轻产业、重规划轻实施、重建设轻管理的编制理念。坚持问题导向，以增加村民收入、改善村庄人居环境为首要目标，开展小规模渐进式推进村庄环境整治，突出富民增收产业、文化传承发展、人居环境整治的研究，为建设有历史印记、生态宜居村庄奠定基础。

（1）突出富民增收。如何留住乡愁、如何让乡愁文化变为村民的金山银山，“风清”文化是本次规划的引爆点。规划通过“柳洼风清”的传承与发展，带动乡村文化旅游发展，促进休闲农业壮大，增强村庄“造血”功能，旨在加快村民增收致富。同时，全面研判村庄区位和农业资源、历史文化、生态资源优势，树立“经营乡村”的理念，将闲置民居、废弃坑塘、石磨等改造为旅游体验资源，盘活村庄闲置资产，拓宽村民增收渠道。

（2）传承历史文化。规划注重“风清文化”的传承与发展，探寻承继乡情乡愁的物质载体，以复原“柳洼风清”巨鹿八景为抓手，将“风清文化”向“柳文化”延伸，将柳树定为村树，传承发展手工柳编技艺，形成有文化内涵的宜居宜业村庄。

（3）合理配置设施。立足现有设施改造提升，根据设施急需性有重点分期、分批改造建设，明确各类设施建设标准。近期，重点完善村庄基础设施，将给水、排水、厕所等进行改造，对改造新建项目设计了施工大样图，引领村民生活新方式、新风尚，满足村民对美好生活的需要。

（4）塑造村庄特色。将村容村貌改造提升作为重点内容，利用冀中南平原的自然生态、地形地貌特点，将田园风光、历史文化融入村庄风貌塑造中，在村庄重要节点设计中，植入“柳文化”元素符号，进行精心设计，建设有地域特色、有历史记忆、可识别的魅力乡村。

三、主要内容

结合河北省“五位一体”发展布局，以及实施“四美五改·美丽乡村”建设行动，本次规划以村庄环境整治为主，提出“1+12”规划设计模式，主要内容包括1个村庄总体规划、12个村庄环境整治专项规划。

（一）村庄总体规划

1. 村庄定位

依托历史文化、农业资源、自然生态资源优势，以葡萄、果蔬等特色林果种植为主，重点发展风清文化游与乡村休闲游，建设冀南旅游文化名村。

2. 村民增收和产业发展规划

随着城乡居民收入水平提高，个性化和定制化消费成为趋势，城市居民对回归田园、体验文化的需求愈加迫切，为村庄发展休闲观光、文化体验游提供了契机。规划全面分析柳洼村有效供给，以“风清”文化为支点，提供独特的文化体验，同时带动手工制品、休闲农业发展，作为村民脱贫致富的重要途径。

培育文化与乡村休闲旅游业。注重对废弃坑塘、闲置老民居的改造再利用，利用村内废弃大坑进行整治，既解决村庄易涝的安全问题，又复原了历史风清遗址，传承了村庄历史文化，增加了村内旅游景点；将闲置老民居整治改造为手工柳编坊、土布工艺坊、磨房、豆腐坊等，赋予新的旅游使用功能。

按照村庄景区化思路，精心策划村庄旅游节点和线路，由短时旅游观光向深度体验转变，增加村民旅游服务收入。

发展手工制品业。该村有发展手工柳编、织布的历史，项目组主动联系山东汉锦和柳编龙头公司，通过“公司+农户”模式，促使传统手工制品业发展，传承发展柳编、织布工艺，实现村民在家门口就业和增收致富。

大力发展休闲农业。依托当地农业资源、历史文化、自然生态资源优势，转变传统农业种植结构，提出重点发展葡萄采摘、设施蔬菜、辣椒等，带动周边5个村庄共同发展休闲观光农业，实现共同致富奔小康。

3. 村庄整体空间布局

尊重村民意愿，人居环境整治过程中，尊重现有村落布局结构和道路肌理，注重建筑和坑塘、沟渠、田园景观的相互融合。设施强调集中与共享、功能复合、规模适度、经济实用、立足现有设施改造。重点增加旅游接待设施、学前教育等用地，住宅用地不再增加，以内部改造提升为主，完善基础设施和公共服务设施，改善村庄人居环境。

规划建设一个村民公共服务中心，形成“两轴”沿风清街迎宾轴、沿幸福路村庄商业轴，打造多个旅游景观节点。

4. 田园风光与特色风貌保护

村庄整体风貌塑造：结合冀中南平原地区自然生态、地形地貌等特点，将田园风光、历史文化融入村庄风貌塑造中，建设有历史记忆的生态宜居村庄。

建筑风貌：整体风貌以原野风光为基调，主色调以白灰为主，点缀红色，营造色彩鲜明的大地景观，打造“林海田园、杨柳水岸”韵味的乡村风情区。建议有条件的民居改为灰瓦双坡屋面。

做法：在村庄入口、标识、村庄绿化、坑塘整治等节点的设计中，融入“柳文化”元素进行精心设计，塑造有地域特色的景观风貌。合理确定民居改造方式，逐步引导村民进行改造，在建筑高度、形式、色彩等方面提出管控要求。

5. 传统文化保护与开发

为传承村庄历史文化、传统文化，重点对历史建（构）筑物、场所、地段进行保护与开发，对土地庙、姚家庙等进行现状改造，对闲置民居、废弃坑塘、闲置宅基地等进行整治改造，赋予其新的功能。

规划不仅精心营造“美丽”，还善于经营“美丽”，将文化资源“活化”，变为村庄生产力和竞争力。将闲置民居改为柳编坊、豆腐坊、磨坊等，传承和发展柳编技艺，将其融入旅游线路中，成为村内旅游体验资源；将闲置坑塘进行改造，复原历史“柳洼风清”遗迹，在设计中将“柳文化”进行传承，打造成为村庄独有的文化特质。

（二）环境整治专项规划设计

规划立足现状，充分对现有设施进行改造和完善，做到经济实用、节能环保。按照设施配套、环境整治、特色提升思路进行建设，改善村庄人居环境，对饮水安全、污水处理、道路硬化、厕所改造、厨房改造等 12 方面进行规划设计，重点工程达到施工图要求，设施规划注重与村庄规模、经济水平等综合考虑，采用经济实用、便于管理的设备。

在民宅整治方面，通过建筑质量评定，将437处民宅按四类方式进行整治，改善村民住房条件，统一村庄建筑风貌。原址保留（A级）184处，建筑质量较好的民宅，按照建筑风貌引导村民进行改造；原址修缮（B、C级）223处，即建筑质量较差、有修缮价值的民宅。在尊重村民意愿前提下，引导民居改造为灰瓦双坡屋顶或檐口，重点对破损墙面、屋面等进行修缮，对门窗、山墙等采用原材料修补；原址重建（D级）16处，即建筑质量差，不具备修缮条件的民宅；拆除（D级）14处，即损坏严重、无法修缮，且原址已没有发展空间或废弃无人住的房屋。

在环境整治方面，重点对道路硬化、垃圾处理、厕所改造、污水处理等进行专项整治。重点对现有路面进行硬化，保留现状主路水泥路面，以车行为主；支路、宅前路采用砂石、青砖等地方材料，结合旅游发展，设计慢性步道，利用废弃地设置生态停车场1处；结合发展农家乐，引导村民将旱厕改为三格式卫生厕所，设计施工大样图；引导村民进行垃圾分类收集，每户设置2个垃圾桶，由专人统一收集，运送至垃圾填埋场。

在设施配套建设方面，按照城乡公共服务设施均等化思路，重点增加学前教育、旅游接待设施、幸福互助院，改造村民活动中心、卫生室等。按照低成本、低能耗、易维护、高效率的思路，完善给水、污水、道路等基础设施，饮水工程继续使用南盐池供水站，实施24小时供水，对村内供水管网进行改造；规划污水集中处理模式，建设小型污水处理站，污水处理工艺采用太阳能驱动与人工湿地相结合。

在村庄风貌整治方面，结合村庄自然环境、建筑风貌元素、历史文化等，重点对主要街巷美化、绿化，对小游园、活动场地、村庄标识、坑塘等重要节点进行精心设计。

四、规划特点

（一）探寻“文化兴村”发展途径，突出富民产业研究

通过传承与发展“柳洼风清”文化，带动乡村旅游发展，促

进休闲农业壮大，增强村庄“造血”功能。不仅精心营造“美丽”，还将“美丽”变为生产力，“盘活”文化资源，使“乡愁”有所寄。将土地庙、姚家庙等进行现状改造，将闲置民居改为柳编坊、豆腐坊、磨坊等，将废弃坑塘改为风清园，将闲置宅基地改为小游园，在设计中将“柳文化”进行传承与发展，成为冀中南平原地区美丽乡村独有文化特质，为发展乡村文化旅游奠定基础。

项目组走访了邢台市南和农业嘉年华、巨鹿县大寨休闲农业观光园等，了解经营和发展情况，进一步论证该村发展休闲农业和乡村旅游的可行性；项目组了解到山东汉锦和柳编公司发展前景好、效益高，且该村有发展织布基础，项目组多次与公司经理进行洽谈，已同意在柳洼设立分公司。

（二）重点加强村庄人居环境整治

规划不改变村庄街巷肌理，对现有设施进行改造和完善，避免大拆大建，按照城乡公共服务设施均等化思路，重点增加学前教育、旅游接待设施，改造村民活动中心、卫生室等。按照低成本、低能耗、易维护、高效率的思路，完善给水、污水、道路等基础设施，既改善村庄人居环境，又为发展乡村旅游提供条件。

考虑到村民实施主体的特点，按照“事权”确定规划编制深度，将街巷硬化、厕所改造、厨房改造、绿化工程等村民可出工建设的，设计施工大样图，指导村民施工。

（三）突出“历史文化与景观风貌”结合的新方式，营造平原地区村庄特色风貌

结合冀中南平原的自然生态、地形地貌特点，将田园风光、历史文化融入村庄风貌塑造中，建设有历史记忆的生态宜居村庄。具体做法为：在村庄入口、标识、村庄绿化、坑塘整治等节点的设计中，植入“风清文化”元素符号，塑造有地域特色的景观风貌。科学引导村民进行民宅节能改造，在建筑高度、形式、色彩等方面提出管控要求。

(四) 切实加强村庄规划实施，实现村庄建设管理有据可依

1. 将规划内容“菜单化”，破解设施建设无序的问题

将规划内容菜单化，按照村民急需性，合理确定建设时序，避免重复拆建，浪费资源；按照事权确定规划编制深度，需专业队伍施工的要简化，如电力电讯工程，需要老百姓动手的内容，如绿化、改厕等工程，做到通俗易懂、指导施工；按照整治项目进行分类，明确各个整治项目的类别、内容、工程量、投资估算、建设时序及资金来源，夯实近期建设项目。

2. 为保证规划项目科学性和适用性，学习先进经验

项目组走访省内邯郸市馆陶县寿东村、邢台市三合庄、藁城区故献村等美丽乡村，详细了解污水、垃圾处理等设施运行情况，以及后期维护费用等，保证本次规划符合当地情况，能够让老百姓方便使用、便于管理、易于维护，费用能接受，确定最优的设施配置方案。

3. 村民自治与法制相结合，破解村庄治理难题

为了更好地落实规划意图，通过村民代表大会多次讨论，将村庄建设、集体土地使用、环境卫生治理、设施管理等规划内容，纳入村规民约，探索群众自我约束、相互监督的新路径。将村庄建设管理的具体内容和要求，作为专章纳入村庄规划，有效推进乡村建设规划的落实，实现规划管理的制度化和村庄可持续发展。

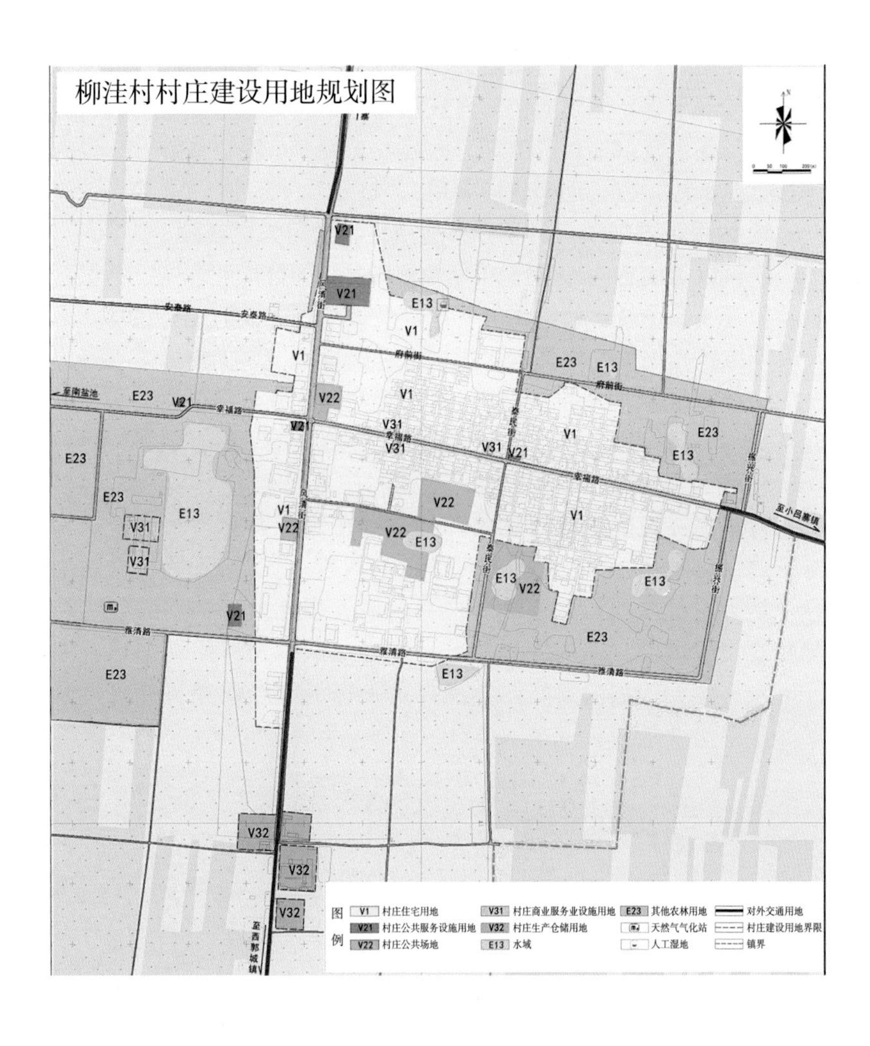
柳洼村村庄建设用地规划图
安泰路
府前街
幸福路
风清街
桑民街
振兴街
雅清路
至南盐池
至小吕寨镇
至西郭城镇
V1
V21
V22
V31
V32
E13
E23
图例
V1 村庄住宅用地
V21 村庄公共服务设施用地
V22 村庄公共场地
V31 村庄商业服务业设施用地
V32 村庄生产仓储用地
E13 水域
E23 其他农林用地
天然气气化站
人工湿地
对外交通用地
村庄建设用地界限
镇界

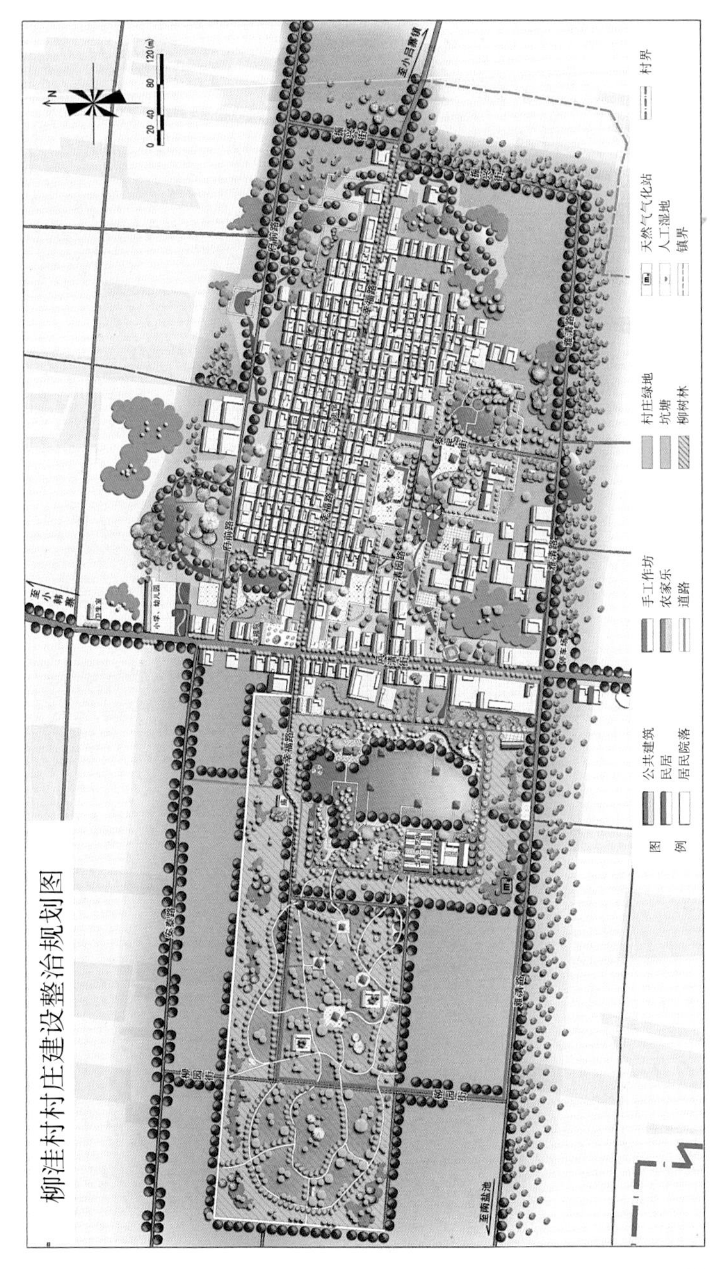
柳洼村村庄建设整治规划图
图例
公共建筑
民居
居民院落
手工作坊
农家乐
道路
村庄绿地
坑塘
柳树林
天然气气化站
人工湿地
镇界
村界
至小吕寨镇
至南盐池
0 20 40 80 120(m)
N

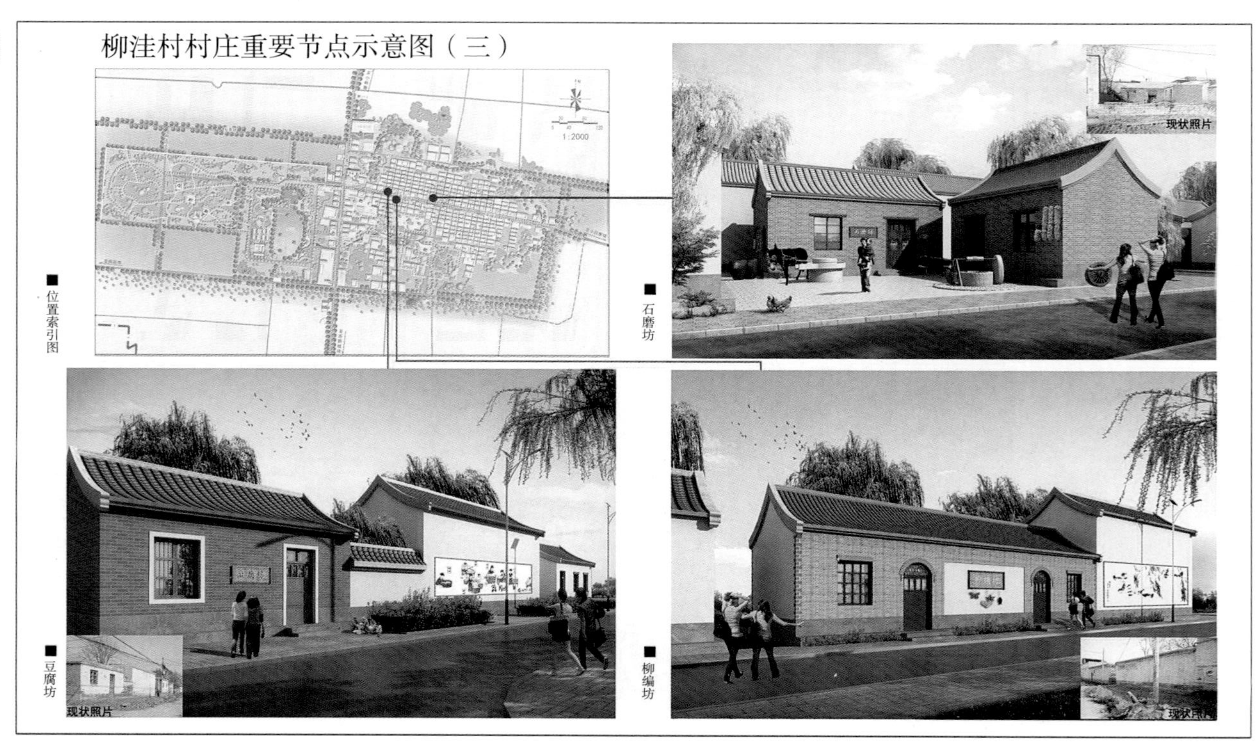
柳洼村村庄重要节点示意图（三）
1:2000
■ 位置索引图
■ 石磨坊
现状照片
■ 豆腐坊
现状照片
■ 柳编坊

柳洼村村庄街道整治规划图
位置索引图
街道现状图
街道现状图
整治后效果图

柳洼村村庄鸟瞰图

柳洼村风情景区大样图

风清园植物配置图　　　　风清园标注图

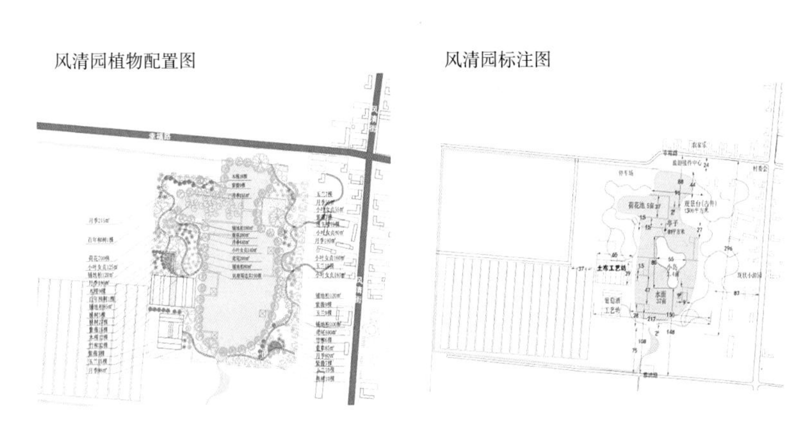

风清景区植物配置及设施规划图

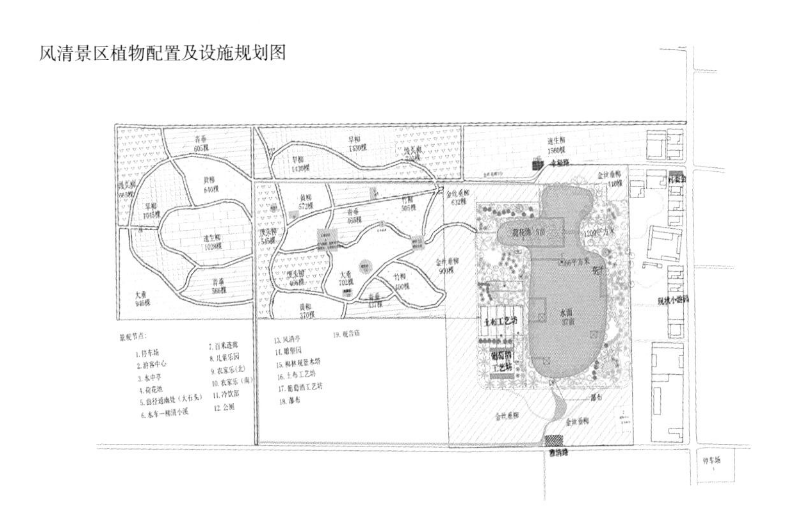

入村道路硬化图

道路施工中

风清路道路硬化图

宅前路整治前

宅前路施工中

宅前路整治后

宅前路整治前

宅前路整治后

污水处理站改造前

新建污水处理站

村民厕所改造前

村民房屋改造

村民厨房改造前

村民房屋改造

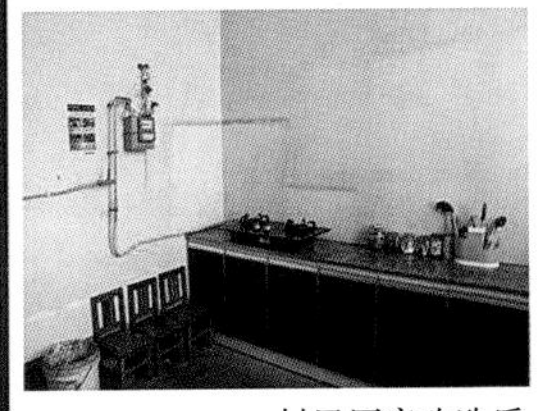

村民厨房改造后

村民厕所改造后

村民室内改造

天然气入户

第二节　历史文化名村保护规划

一、村庄现状特征

西沟村位于河北省沙河市西部山区，属沙河市柴关乡行政管辖。东与东沟村相邻，南与温家园村相邻，西与阴河沟村相邻，距离乡政府驻地约 4 千米。西沟村属温带半湿润大陆性气候，大陆性季风特征明显，四季分明，春季干旱多风，夏季炎热多雨，秋季晴和凉爽，冬季寒冷少雪。851 乡道从村域南部东西向穿过，交通不便。2017 年底，西沟村有近 83 户，户籍人口 210 人，常住人口为 180 人。西沟村共有耕地 50.7 公顷，包括退耕还林地 18.7 公顷，村民主要收入来源于种植业、畜禽业和外出务工。村庄人均纯收入约 2 000 元，无集体收入。

西沟村自然形成，古巷幽深，绿树成荫，溪水潺潺，飞檐碧瓦，石板岩门，院落宽敞，民风淳朴。西沟村背山面水、山水相依。村庄四面环山，背靠芦苇山，东西为寨顶山和虎山，与对面大山遥遥相望。村庄形态呈条带状，位于山地环抱的盆地之中，村西、村北两条河流似两条游龙汇合于村中，石街石巷蜿蜒迂回，纵横交错，错落有致，形成独特的山地景观。

二、规划定位

以明清古民居建筑为核心，以乡村旅游为主要功能，传承展示地方民俗文化，兼具生态旅游、山地观光功能，打造历史文化名村。

三、保护内容与重点

（一）保护内容

（1）保护文物古迹、历史建筑、历史环境要素等物质遗存。如官房、古桥、三口古井、古柳、古柏等，这些内容是西沟村历史文化特色所依附的载体。

（2）保护西沟村历史风貌格局，保护传统的砖石街巷格局与材质，延续历史街巷的走向、宽度等，以传统石板铺地特色配合传统建筑，延续西沟村的传统空间景观风貌。

（3）保护西沟村山水空间环境，保护其整体格局及其相依存的自然生态环境、维护天人合一的山水格局自然风光，避免生产建设对农田用地的侵占。重点保护村庄山溪，提升其水体水质，保护其自然的驳岸风光。

（4）保护太行文化特色及各类传统习俗、歌舞曲艺等非物质文化遗产，保护村庄文化的多样性，将其作为村庄文化特色重点传承，包括扁鼓舞、四匹缯布、荆编、婚俗等。

（二）保护重点

（1）保护物质遗存，以展示地方建筑与历史特色。

（2）保护格局风貌，以维持村庄的传统空间形态。

（3）保护整体环境，以保证原生态田园居住模式。

（4）保护太行文化，以传承太行山区的特色文化。

四、村域整体山水格局的保护

西沟村村域周围群山环抱，山溪穿行村庄间。西沟村依山就水，顺河而建，山、水、村融为一体，自然和谐。

（一）山体保护

西沟村周边需要保护的山体空间为虎山、芦苇山和寨顶山等。规划应严格保护村庄周边的山体空间环境，加强山体植被覆盖，严禁乱砍滥伐，为西沟村创造原生态的自然天际线背景。

（二）水体保护

西沟村内需要重点保护的水体为山溪。规划保持溪流的自然线型及走向，保护两侧的自然驳岸，适当增加绿化，控制增加景观设施，景观设施应以小型、自然材质及形态为主，形成自然、淳朴的滨水生态空间。

水系沿线的建筑风貌及环境景观应重点整治，控制其建筑高度与体量，保持村庄的传统风貌，环境景观以自然风格为主。

五、核心保护范围的划定及保护要求

（一）核心保护范围

核心保护范围是指集中体现西沟村历史风貌的区域，它是村庄格局与院落格局保护相对完整的部分。

西沟村核心保护范围：以古民居群为核心，王虎臣、王启芳古民居以南，王俊芳、周莉强、王忠详、王中富、周九银、周时旦古民居以西，王彦西、王迁的、周西魁、周增奇古民居以北，周转金、周不京、王江平、周龙江、周村伏古民居以东，面积为1.11公顷，具体规划保护范围详见“村庄保护区划总图”。

（二）核心保护要求

（1）整体保护村庄格局与街巷体系，保护村庄与山溪的相对位置关系。确保核心保护范围以内的建筑物、构筑物、街巷空间及环境要素不受破坏。村庄内随地形蜿蜒的石径走向、宽度、地形及材质不得随意改变，规划范围内的古树名木、古井、古桥等不得破坏，并注意日常清理、维护的工作。

（2）对核心保护范围内的建筑物实行分类保护的措施。规划依据建筑现状风貌、年代、质量、高度等各方面的因素作出评价，将其分为不可移动文物建筑、建议历史建筑、传统风貌建筑和其他建筑四类，分别采取保护、修缮、改善和整治等不同措施。坚决杜绝大拆大建，以渐进式的保护与更新模式维持历史格局。

（3）积极修缮修复文物建筑和建议历史建筑，对文物保护单位和建议历史建筑建立保护档案，不得拆除建议历史建筑，保持或恢复其原有的高度、体量、外观形象及色彩等。

（4）近期重点保护修缮不可移动文物建筑与建议历史建筑，维护建筑质量与院落格局，使村庄历史价值可持续地传承下去。远期整治改造其他建筑，控制其建筑高度与风貌，使其与核心范围内的传统风貌相协调，建筑细部应符合传统样式与做法。

（5）在核心保护范围内，拆除建议历史建筑以外的建筑物、构筑物或者其他设施，应当经县级人民政府城乡规划主管部门会同同级文物主管部门批准。

六、文物古迹与历史建筑的保护

（一）文物建筑

1. 保护项目

西沟村现状有未定级的不可移动文物1处，即官房。

2. 保护范围

各级文物保护单位要按照《文物保护法》划定保护范围和建设控制地带。对文物保护单位的认定、保护、管理、法律责任等，遵照《中华人民共和国文物保护法》《中华人民共和国文物保护法实施条例》《中国文物古迹保护准则》（2002）的有关规定执行。

文物保护单位的保护范围是指根据文物保护单位的类别、规模、内容以及周边环境的历史和现实情况合理划定的，在文物保护单位本体之外保持一定安全距离的，确保文物保护单位真实性和完整性的区域。

由于官房属于未定级的不可移动文物，暂时未划定保护范围，规划官房的保护范围以沙河市人民政府划定的保护范围为准。

建设控制地带是指在文物保护单位的保护范围外，为保护文物保护单位的安全、环境、历史风貌对建设项目加以限制的区域。规划官房的建设控制地带范围为以核定公布该文物保护单位的人民政府的文物行政主管部门会同城乡规划行政主管部门划定的保护范围为准。

3. 保护要求

保护范围：保护范围内，禁止新建任何与文物无关的建设项目，不得改变和破坏历史上形成的格局与风貌，任何为文物本体的修复、配套而进行的建设工程，必须经文物行政主管部门审核、批准后才能进行。文物保护单位必须原址保护。只有在发生不可抗拒的自然灾害，使迁移保护成为唯一有效的手段时，才可以依法经过批准后，实行原状迁移，异地保护。

建设控制地带：区内不得建设危及文物安全的设施，不得修建其形式、高度、体量、色彩与文物保护单位的环境风貌不相协调的建筑物和构筑物。建设项目要经文物行政主管部门同意后，报城乡规划主管部门批准。保护村庄周边自然生态环境。

（二）历史建筑

历史建筑，是指经城市、县人民政府确定公布的具有一定保护价值，能够反映历史风貌和地方特色，未公布为文物保护单位，也未登记为不可移动文物的建筑物、构筑物。历史建筑有丰富的历史价值、艺术价值、科学价值。历史建筑是中国历史文化的重要载体，体现了不同地域的特点和民族特色。

西沟村目前尚未正式开展历史建筑的认定工作，更未经沙河市政府公布，可以说目前尚无法定意义上的历史建筑，但是在本项规划调查中确实发现一些建筑的建造时间较为悠久，有一定的历史价值、艺术价值、科学价值，基本符合住建部和省住建厅有关文件中规定的历史建筑的认定条件，这里暂时列为建议历史建筑。

通过现场调查发现保存相对完好，建筑型制完整、地方特色显著的建筑及其院落的建议历史建筑共12处。

保护要求：按照《历史文化名城名镇名村保护条例》和《城市紫线管理办法》的要求划定历史建筑的保护范围，并按照相关规定执行保护、管理工作。不随意改变和破坏原有建筑的布局、结构和装修，不得任意改建、扩建。除经常性保养维修和抢险加固工程外，建筑的重点修缮、局部复原等工程，必须经规划行政主管部门批准。

七、建筑保护整治模式

本着保护西沟村建筑风貌和空间格局的原则，考虑实际操作的可实施性，对村庄内的四类建筑分别提出以下保护与整治措施：

（一）保护

针对文物建筑。严格按照文物保护法规，坚持“不改变原状”的原则，保持其“原样式、原结构、原材料、原工艺”。

（二）修缮

针对建议历史建筑。对于结构、布局、风貌保存完好未遭破坏的历史建筑，保持原样，按原样并使用相同材料进行修缮。对于局部已变动的建议历史建筑，应按变动前的式样修复。建议历史建筑不得拆除，按相关保护法规要求进行保护。

（三）改善

针对传统风貌建筑。遵守不改变历史、地方特色的原则，不允许改变建筑外立面原有的特征和基本材料，严格按照原有特征，使用相同材料进行修复，做到修旧如旧，特别是保护具有历史文化价值的细部构建或装饰物。对建筑内部可以加以调整改造，改善厨卫设施，从而改善和提高居民生活质量。改造措施均应通过有关部门的审查，不得改变建筑外观和院落内的格局。

（四）整治

针对与村庄风貌不协调的其他建筑，对其立面进行整治，包括平改坡、更换外饰面或屋顶瓦材、改变造型等，力求体现传统风貌特色，符合历史风貌要求。平屋顶建筑应当改为小青瓦坡屋顶，外墙改为贴石砖，将铝合金门窗换为木制门窗，增加传统门窗装饰纹样。

村域历史环境要素现状图

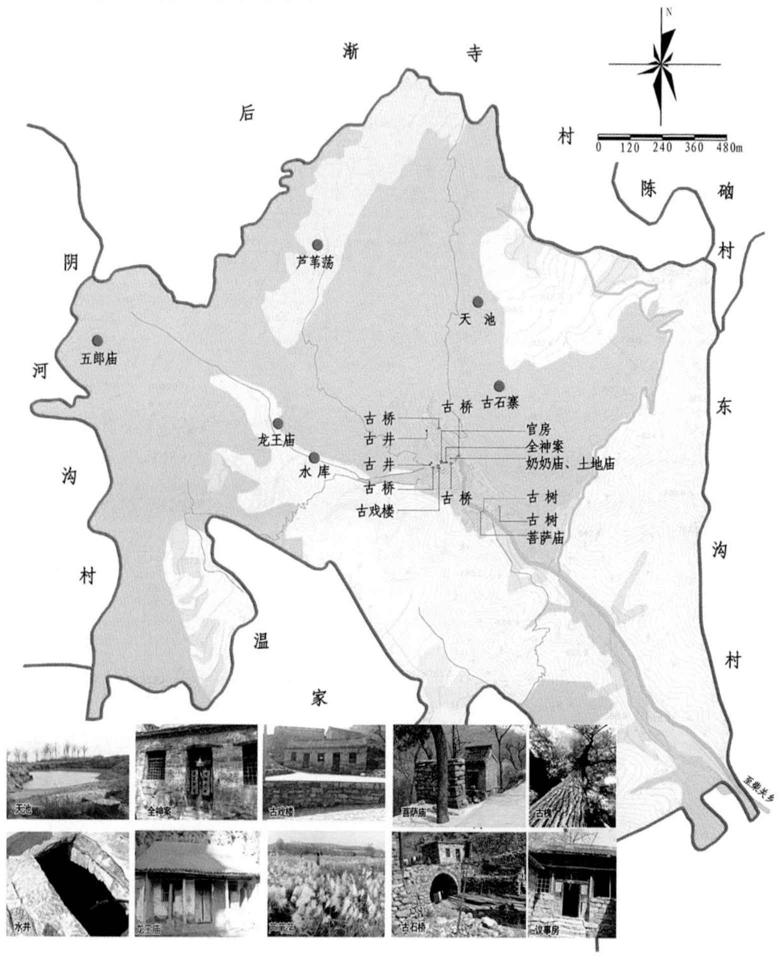

村庄历史遗存现状分布图

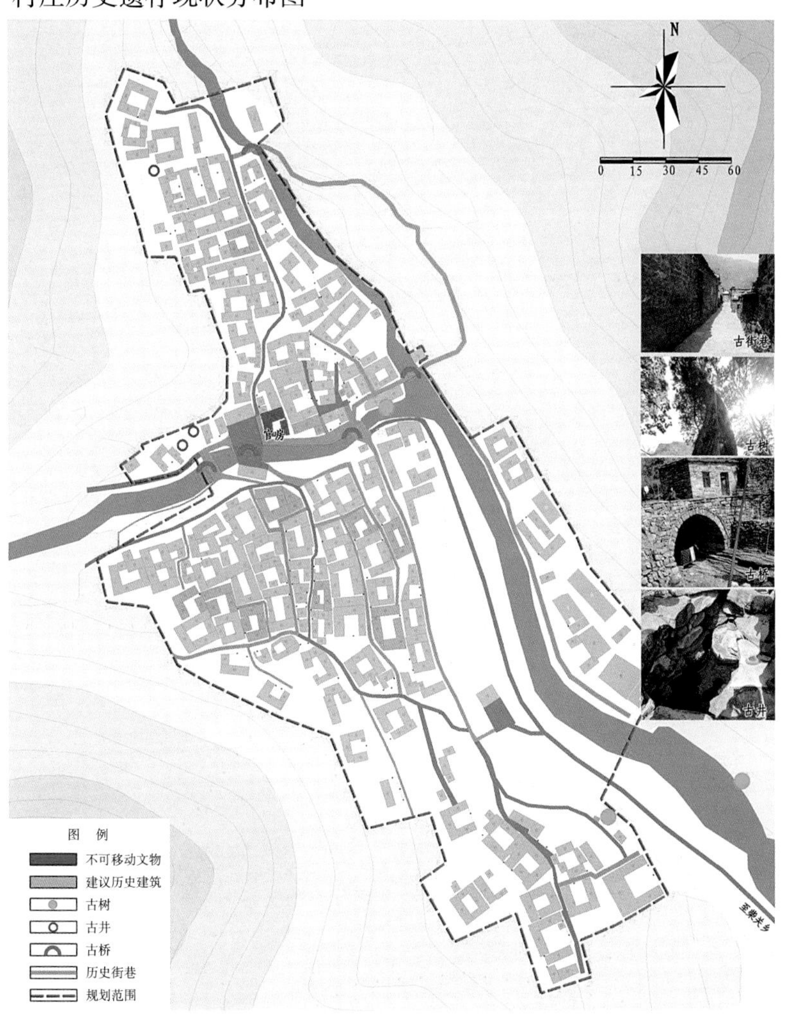

村庄格局风貌与历史街巷现状图

N

0 15 30 45 60

寨顶山

芦苇山

虎山

至柴关乡

图 例

历史街巷（水泥路）

历史街巷（石板路）

规划范围

水泥路

石板路

村庄保护区划总图

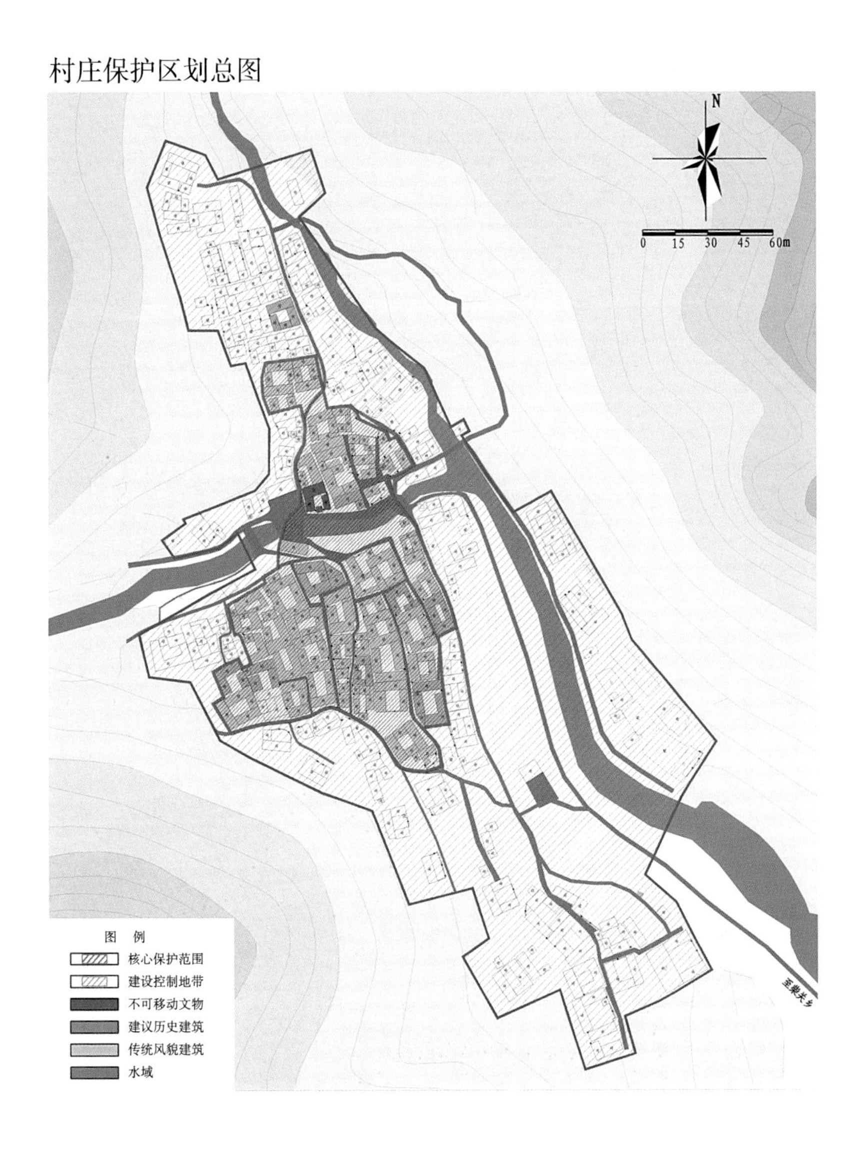

村庄建筑分类保护规划图

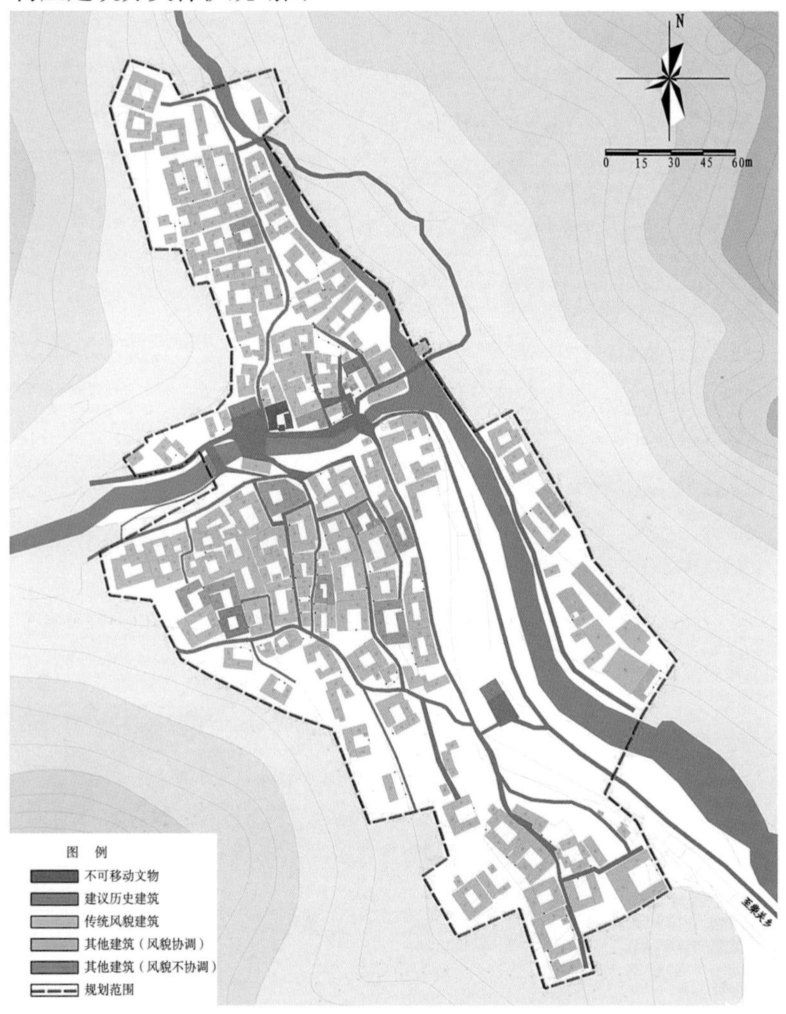

建筑分类保护措施

村庄保护规划总图

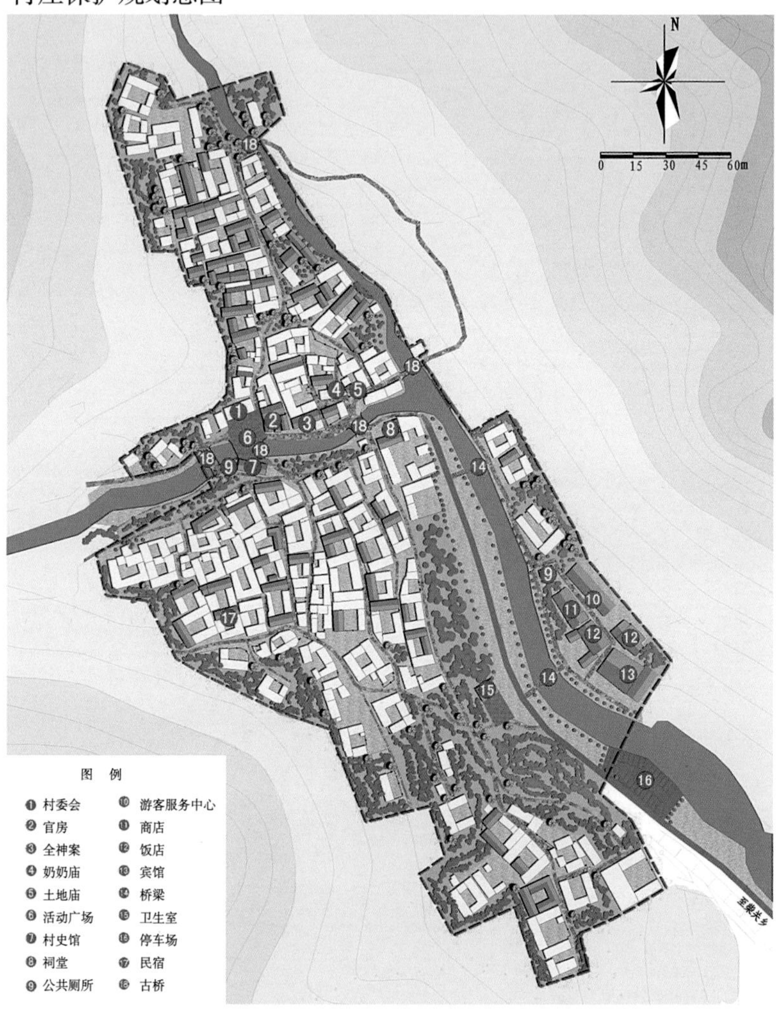
N
0
15
30
45
60m
图 例
❶ 村委会
❷ 官房
❸ 全神案
❹ 奶奶庙
❺ 土地庙
❻ 活动广场
❼ 村史馆
❽ 祠堂
❾ 公共厕所
❿ 游客服务中心
⓫ 商店
⓬ 饭店
⓭ 宾馆
⓮ 桥梁
⓯ 卫生室
⓰ 停车场
⓱ 民宿
⓲ 古桥
至柴关乡

近期保护规划图

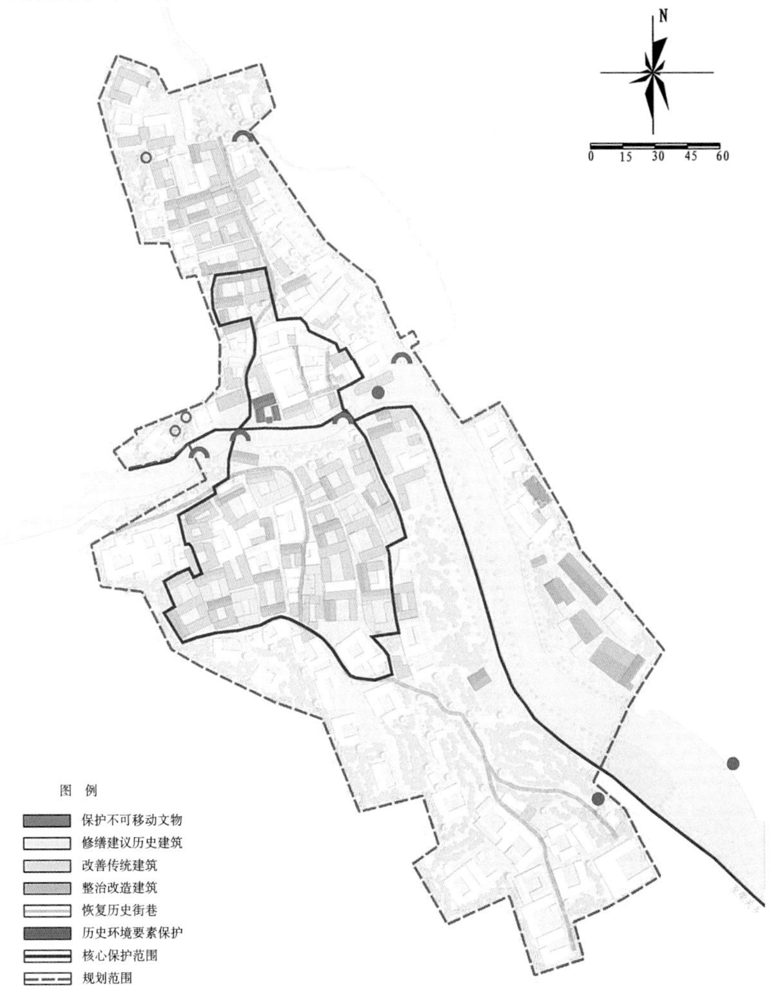

N
0
15
30
45
60
图　例
保护不可移动文物
修缮建议历史建筑
改善传统建筑
整治改造建筑
恢复历史街巷
历史环境要素保护
核心保护范围
规划范围

官房修缮

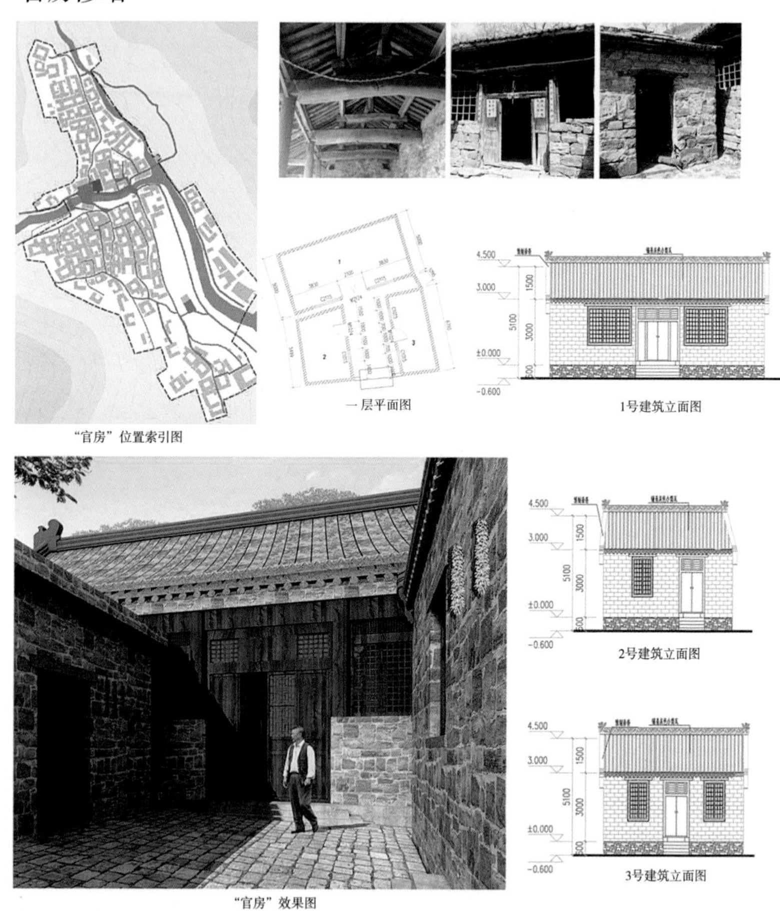

"官房"位置索引图

一层平面图

1号建筑立面图

2号建筑立面图

3号建筑立面图

"官房"效果图

特色院落修缮效果图

传统街巷整治鸟瞰图

参考文献

[1] 叶齐茂．村庄整治技术手册——村内道路［M］．北京：中国建筑出版社，2010.

[2] 凌霄．村庄整治技术手册——坑探河道改造［M］．北京：中国建筑工业出版社，2010.

[3] 朴永吉．村庄整治技术手册——村庄整治规划编制［M］．北京：中国建筑工业出版社，2010.

[4] 倪琪．村庄整治技术手册——村镇绿化［M］．北京：中国建筑工业出版社，2010.

[5] 刘俊新．村庄整治技术手册——排水设施与污水处理［M］．北京：中国建筑工业出版社，2010.

[6] 北京市市政设施工程设计研究总院．村庄整治技术手册——给水设施与水质处理［M］．北京：中国建筑工业出版社，2010.

[7] 胡振琪．土地整治学［M］．北京：中国农业出版社，2017.

[8] 吴海洋．土地整治理论方法与实践［M］．北京：地质出版社，2014.

[9] 张泉，王晖，梅耀林，赵庆红．村庄规划［M］．北京：中国建筑工业出版社，2011.

[10] 王印传，陈影，曲占波．村庄规划的理论、方法与实践［M］．北京：中国农业出版社，2015.

[11] 王印传，郑占秋．生态理念下的村庄发展与规划研究［M］．北京：经济科学出版社，2017.

[12] 潘润秋，施炳晨，李禾．多规合一的内涵与数据融合的实现［J］．国土与自然资源研究，2019（2）：35－38.

[13] 王兵．如何做好乡村振兴背景下的“多规合一”村级规划［J］．资源导刊，2018（8）：20－21.

[14] 崔许锋，王珍珍．“多规合一”的历史演进与优化路径［J］．中国名城，2018（8）：34－39.

[15] 蒋纹．村庄产业发展模式的空间布局研究［J］．浙江建筑，2012，29（10）：5－9．
[16] 岳靓，孙超．生态文明视域下农村产业发展研究［J］．山西农业大学学报（社会科学版），2014，13（11）：1104－1107．
[17] 孙长学，王奇．论产业与农村资源环境［J］．农业现代化研究，2006，27（2）：100－104．
[18] 郑湘娟，任春晓．农村产业发展机制与政策建议——以浙江省宁波市为例［J］．江西农业大学学报（社会科学版），2012，11（3）：30－35．
[19] 梁瑞智．北京市农村产业发展问题及对策［J］．北京农业职业学院学报，2015，29（4）：12－18．
[20] 李铜山，牛馨雨．永久基本农田保护制度实施对策［J］．现代农业科技，2018（14）：264．
[21] 王一帆．村镇传统聚落中的环濠形态研究［D］．郑州：郑州大学，2015．
[22] 扈万泰，王力国，舒沐晖．城乡规划编制中的“三生空间”划定思考［J］．城市规划，2016，40（5）：21－26．
[23] 林济国．三生协调下江汉平原水网地区村庄空间布局研究——以仙桃市胡场镇河口村为例［D］．武汉：武汉工程大学，2018．
[24] 杨继富，李斌．我国农村给水现状与发展思路探讨［J］．农村水利，2017（7）23－25．
[25] 李建杰．基于产业导向的美丽乡村规划研究［D］．邯郸：河北工程大学，2017．
[26] 贵崇朔．美丽宜居视角下西安市村庄产村融合发展机理与规划调控研究［D］．西安：长安大学，硕士论文，2019．
[27] 宋子易．乡村振兴背景下徽州传统村落保护研究［D］．合肥：安徽建筑大学，2019．